Wissen im Bild

# CHEMIE

J. R. Larguier

# Wissen im Bild
# CHEMIE

tosa

Originaltitel „Atlas de Química"



Übersetzung, Redaktion und Satz:
Dr. Jörg Meidenbauer Verlagsbüro, München

Umschlag:
Kraxenberger Kommunikationshaus GmbH, München



Druck: Ueberreuter Print und Digimedia

# Einleitung

Dieses Werk wendet sich nicht nur an Studierende der Chemie sondern auch an alle diejenigen, die sich Grundlagenkenntnisse in dieser Naturwissenschaft aneignen wollen. Es ist daher für interessierte Laien konzipiert und stellt zudem ein unterrichtsbegleitendes Werk für Schüler der Mittel- und Oberstufe dar.

Die Chemie als Naturwissenschaft beschäftigt sich mit Stoffen. Daraus folgt, daß das gesamte Universum im Zentrum ihres Interesses und ihrer Erforschung steht. Es liegt also nahe, daß man chemische Grundkenntnisse besitzen muß, um eine Vielzahl von Phänomenen, die von anderen Bereichen ausführlich behandelt werden, verstehen zu können. Andererseits werden wissenschaftliche Begriffe durch die heutige Entwicklung der Medien einer breiten Bevölkerungsschicht zugänglich gemacht und sind so in aller Munde. Deshalb klingen Begriffe wie: *atomar, Polyester, Kunststoff,* Reagenzglas etc. jedem vertraut, und die Bedeutung von Ausdrücken wie *saurer Regen, Ozonschicht* usw. sollte bekannt sein, um die gehörte Information richtig einordnen zu können. Letztendlich wird es in der heutigen Zeit immer wichtiger, über Grundkenntnisse in der Chemie zu verfügen.

In diesem Atlas der Chemie wurde darauf geachtet, Grundbegriffe auf verständliche und einfache Weise neu darzustellen, ohne dabei an Ernsthaftigkeit einzubüßen.

Die Chemie als eine experimentelle Wissenschaft bedarf in ihrer Vorgehensweise mathematischer Formeln, um allgemeine Gesetzmäßigkeiten aufzustellen. Dies hat sich in ihrer Entwicklung als unabdingbare Notwendigkeit erwiesen. Dennoch wurde auf mathematische Abhandlungen weitgehend verzichtet, um einer größeren Anzahl von Lesern den Zugang zu diesem Buch so einfach wie möglich zu machen.

In diesem Atlas werden chemische Zusammenhänge in ihrem historischen Umfeld betrachtet, denn sie stellen letztendlich ein Paradigma der Entwicklung des menschlichen Denkens dar. Es wurde außerdem versucht, die Lektüre auch ein wenig unterhaltend zu gestalten und die Entstehung der mit der Materie zusammenhängenden Ideen aufzuzeigen. Außerdem soll dem Leser die menschliche Seite des Wissenschaftlers, der oft als seltsames Wesen einer anderen Art angesehen wird, gezeigt werden.

Das opulente Bildmaterial trägt darüber hinaus in entscheidendem Maße dazu bei, abstrakte Vorgänge zu veranschaulichen.

Der Atlas der Chemie ist in Themen gegliedert, die sich leicht unabhängig voneinander behandeln lassen. Es ist jedoch empfehlenswert, von Anfang an vorausschauend zu lesen und dabei zu unterbrechen, um die Entwicklung der theoretischen Grundlagen der heutigen Chemie verfolgen zu können. Dem Leser wird so auf effektive und eingängige Weise grundlegendes Wissen über Chemie vermittelt.

# Ziel und Zweck der Chemie: Ihre Anfänge

Die Chemie ist die Wissenschaft, die sich mit dem Aufbau, der Struktur und den Eigenschaften von Stoffen beschäftigt, ebenso mit den Gesetzmäßigkeiten, die der Umwandlung von einem Körper in einen anderen zugrunde liegen. Sie widmet sich der Aufstellung von Gesetzen, die die Möglichkeiten, Energiebedingungen und Mechanismen solcher Veränderungen (chemische Reaktionen) beschreiben. Daraus ergibt sich, daß das gesamte Universum zum Forschungsobjekt der Chemie zählt und daß außerdem Elemente von Interesse sind, die sich künstlich herstellen lassen.

## GESCHICHTE

Die Ursprünge der Chemie reichen in die Zeit nach der Entdeckung des Feuers zurück. Am Anfang war der Mensch hauptsächlich an Metallen interessiert, weil diese fest waren und sich relativ leicht verformen ließen.

Der älteste metallische Gegenstand, den man kennt, ist aus Gold und hat ein ungefähres Alter von 7000 Jahren. Das ist nicht weiter verwunderlich, denn Gold, wie auch Silber und Kupfer, ist ein Metall, das in der Natur vorkommt. Es mußte nur geschmolzen und nach Wunsch geformt werden. Manchmal können Gold und Silber gemeinsam vorkommen. Beim Schmelzen erhielt man - aufgrund der Schwierigkeit, die beiden Metalle zu trennen - eine Legierung, die man *Elektrum* nannte und die man lange Zeit für ein anderes Metall hielt.

In der gleichen Epoche gelang es, Kupfer aus Kupfererz zu gewinnen, was erstaunlich ist, wenn man die damaligen technischen Möglichkeiten in Betracht zieht. So entstand die Metallurgie.

**Bronzezeitalter.** Das Bronzezeitalter datiert man auf 4000 v. Chr. Es hatte hauptsächlich in Ägypten und Griechenland seine Blütezeit. Die Phönizier waren einzigartig in der Verarbeitung von Bronze und berühmt für die Herstellung von Waffen, mit denen sie Handel trieben - wenngleich sie ein Volk mit friedlichen Absichten waren.

**Eisenzeitalter.** Das Eisenzeitalter begann 1200 v. Chr. Eisen war ursprünglich ein wertvolles Metall, da es schwer zu gewinnen und widerstandsfest war. In dieser Epoche lernte man, wie man Stahl für die Herstellung von Waffen gewinnen konnte.

Ägypten war die Zivilisation der Antike mit den besten Kenntnissen über die Natur. Die Ägypter konnten nicht nur eine Sonnen- oder Mondfinsternis oder den Beginn einer jeden Jahreszeit voraussagen, sondern verstanden es auch, Stoffe zu bearbeiten: Sie stellten Glas her, Haarfärbemittel, kosmetische Produkte für die Schönheitspflege der Frau, Seife und Parfüm für die Körperpflege und eine Reihe von Medikamenten etc. Trotz dieser umfangreichen Kenntnisse hinsichtlich der Umwandlung von Stoffen waren die Ägypter keine Naturwissenschaftler. Sie kannten nur technische und handwerkliche Praktiken, die sie den Priestern anvertrauten, die diese Praktiken als Geheimnis bewahrten. Die Ägypter betrachteten die Erde als Gottheit, deren Diener sie waren.

Die Griechen lernten viel von den Ägyptern und gaben der Kunst, Stoffe in andere Stoffe umzuwandeln die Bezeichnung *Chemie*: Man geht davon aus, daß dieser Name vom Wort *chem* stammt, denn so bezeichneten die Ägypter die Erde.

Ungefähr 600 Jahre v. Chr. nahmen die griechischen Philosophen eine Trennung von Technik und Religion vor. Sie begannen sich zu fragen, woraus das Universum besteht. Einer von ihnen war Aristoteles von Stagira (384-322 v. Chr.). Er glaubte, die Materie bestehe aus vier Elementen: *Erde, Wasser, Luft und Feuer*. Die Erklärung dafür lag in der Zusammengehörigkeit von *Kälte, Wärme, Feuchtigkeit* und *Trockenheit*. Die Erde stellte den festen Zustand dar, das Wasser den flüssigen, die Luft den gasförmigen und das Feuer die Glut. Demokrit von Abdera (470-380 v.Chr.), ein Vorgänger Aristoteles´, ging von der Ungleichförmigkeit der Materie aus, die er sich aus Atomen, d.h. kleinsten, nicht mehr teilbaren Teilchen, zusammengesetzt vorstellte.

**Abb. 1.** Die Ägypter waren bereits vor mehr als fünf Jahrtausenden ausgezeichnete Handwerker im Bereich der Metallurgie. Einen Beweis dafür finden wir im Tempel von Karnak (Hochägypten). Dort gibt es ein Wandgemälde, das einige Phasen bei der Gewinnung von Gold aus Goldquarz darstellt. Techniken wie das Waschen des Metalls waren ebenso gut bekannt wie die Verwendung von Blasebalg und den sogenannten Zuschlägen. *Zuschläge* sind Substanzen, die das Schmelzen der Minerale oder der Metalle unterstützen oder die eine Bildung von Oxiden (Verbindungen mit Sauerstoff) verhindern, wenn die Metalle hohen Temperaturen ausgesetzt werden. In diesem Fall werden Zuschläge verwendet, um den Schmelzpunkt des Minerals herabzusetzen.

**Abb. 2.** Eisengefäße, entdeckt in Katalonien (Spanien). Ihr Alter wird auf ungefähr 3000 Jahre geschätzt. In dieser Zeit wurde Eisen, wegen des großen technischen Aufwands, das seine Gewinnung mit sich brachte und aufgrund seiner hohen mechanischen Festigkeit als Luxusmaterial angesehen.

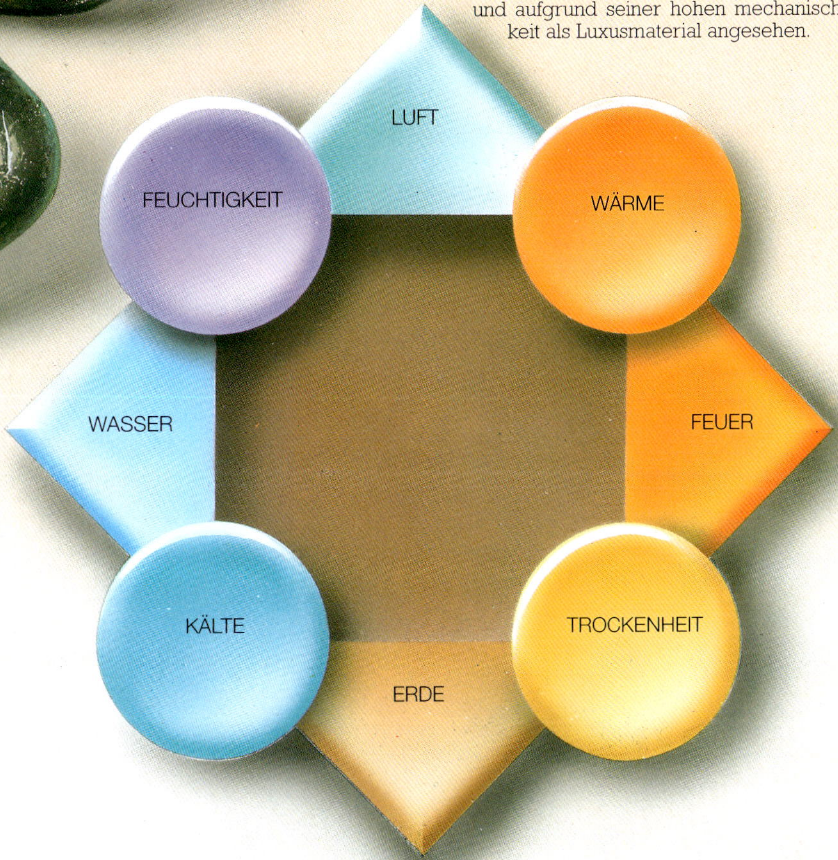


**Abb. 3.** Laut Aristoteles setzt sich die Materie aus vier Elementen zusammen: **Luft,** gekennzeichnet durch ihre *Feuchtigkeit* und *Wärme,* **Wasser** durch seine *Feuchtigkeit* und *Kälte,* **Erde** durch ihre *Kälte* und *Trockenheit* und das **Feuer** durch seine *Trockenheit* und *Wärme.* Jedes Element hat seinen Platz in der Natur. So steht das Element Erde im Zentrum des Universums. Mit ihr verbunden ist das Wasser, das Seen, Meere und Ozeane bildet. Die darüberliegende Luft bildet die Atmosphäre. Der natürliche Ort des Feuers befindet sich über der Luft. So lassen sich die von der Sonne ausgehende Wärme, Blitze etc. erklären. Zustandsänderungen wurden durch eine wesentliche Änderung einer entscheidenden Eigenschaft erklärt. Chemische Umwandlungen wurden als Änderung der Elementzusammensetzung in den Körpern verstanden.

# Auf der Suche nach dem Stein der Weisen

Die Araber brachten das Wissen über die *Chemie,* das sie in den von ihnen eroberten orientalischen Ländern gelernt hatten, nach Europa. Sie gaben diesen Künsten den Namen *»Kimiy«* , mit dem vorangestellten arabischen Artikel »al« , was zu dem Wort *»al kimiy«* führte. Später ging daraus *»alquimia«* hervor und noch später *»Chemie«* .

Die Blütezeit der Alchemie war das 7. Jahrhundert. Die Alchemisten betrachteten Metalle als eine Art Verbindung, die aus Formkörpern besteht; diese wiederum seien zusammengesetzt aus unterschiedlichen Anteilen der drei als *»Tria Prima«* bekannten Stoffe Quecksilber (ausgezeichnet durch seine metallischen Eigenschaften und seine Neigung, leicht zu verdunsten), Schwefel (charakterisiert durch seine Brennbarkeit) und Salz (das sich durch seine Löslichkeit und Festigkeit auszeichnet). Sie glaubten, daß man mindere Metalle in Gold verwandeln kann, denn auch Gold sei ein Metall und müßte den gleichen Prinzipien entsprechen wie alle anderen Metalle auch.

Diese Umwandlung unedler Metalle in Gold, bekannt unter der Bezeichnung *»Großes Werk«* , mußte in Anwesenheit des sogenannten Steins der Weisen geschehen. Ebenso glaubte man, daß ein Trunk vom Stein der Weisen ewige Jugend, Schönheit des Körpers, Gesundheit und Unsterblichkeit verleiht. Es ist nicht verwunderlich, daß alte, gebrechliche oder kranke Alchemisten alles daransetzten, die Herstellung dieses wunderbaren Elixiers voranzutreiben.

Da die Alchemisten glaubten, Gott habe sie auserwählt, um sie in die Geheimnisse der Umwandlung von Stoffen einzuweihen, verbreiteten sie ihr Wissen nicht.

Sie schrieben ihre Entdeckungen mit Hilfe von Symbolen und Zeichen nieder, die für Nichtalchemisten unlesbar und selbst für Eingeweihte schwer zu interpretieren waren. Allerdings hinterließen sie uns eine Vielzahl von chemischen Produkten, Laborgeräten und Arbeitstechniken, die zweifellos von beachtlicher Bedeutung für die Entwicklung der Chemie waren. Zu den berühmtesten Alchemisten müssen Geber, San Alberto Magno, Thomas von Aquin, der Mallorquiner Ramón Llull und der Katalane Arnaldo de Vilanova gezählt werden.

Im 15. Jahrhundert kam Paracelsus mit der Idee auf, das Anliegen der Alchemie solle die Herstellung von Medikamenten zur Heilung von Krankheiten sein. Diese Epoche ist unter dem Namen der Iatrochemie oder medizinischen Chemie bekannt.

Mit Beginn der Renaissance versiegten die philosophischen Spekulationen der Alchemie endgültig, und man versuchte, chemische Versuchsbeobachtungen mit Theorien zu vereinen.

Die Chemiker vermittelten ihr Wissen in klar verständlicher Weise, was der Gründung der Akademien für Naturwissenschaften in vielen Ländern den Weg ebnete. Die erste Akademie entstand 1560 in Neapel, weitere in London (1660), Paris (1666) und Barcelona (1764).

Aus dieser Zeit stammt der Ire Robert Boyle (1627-1691), der in seinem Werk *»The Sceptical Chymist«* , veröffentlicht im Jahre 1661, ein ähnliches Konzept vom chemischen Element entwickelte, wie wir es heute kennen und die von Demokrit stammende Theorie des Atoms heranzog, um chemische Reaktionen zu erklären.

In Wirklichkeit läßt sich kein genauer Zeitpunkt für die Entstehung der Wissenschaft Chemie angeben. Unser Drang, die Geschichte zu ordnen, führt dazu, einem bestimmten Ereignis besondere Bedeutung zukommen zu lassen, so daß man daran messen kann, was davor und was danach geschah. Eines dieser Ereignisse ist die Aufstellung und der Beweis des Gesetzes von der Erhaltung der Masse (Abb. 9), das von Lavoisier (S. 12) formuliert wurde. Lavoisier benutzte als erster ein Meßinstrument - eine Waage -, um seine Theorie experimentell zu untermauern. Seine Vorgehensweise bildete die Grundlage für die Aufstellung weiterer Gesetze, die mit Hilfe des gleichen Verfahrens gefunden werden konnten. Lavoisier wurde damit zum Wegbereiter für die Erforschung der Materie mit wissenschaftlichen Arbeitsmethoden.

**Abb. 4.** Alchemisten bei der Arbeit. Kupferstich aus dem 17. Jahrhundert

**Abb. 5.** Alchemistischer Ofen. Erstaunlich daran ist, daß es sich um eine Nachbildung des Buchdeckels von *»De Alchemia«* handelt, dem Werk des großen arabischen Alchemisten Geber (Abou Moussah al Sofi Geber).

**Abb. 6.** Zeichnung aus dem didaktischen Bilderbuch *»De Summa et Universalis Medicinae Sapientiae Veterum Philosophorum«.* Die Taube erhebt sich aus den vier Elementen als Symbol der Befreiung des Geistes von der Materie, unentbehrliches Requisit für die Ausführung des *»Großen Werks«.*

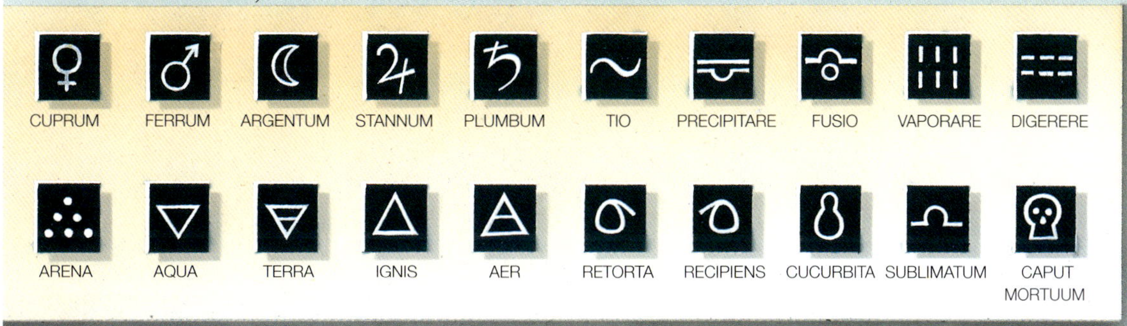


**Abb. 7.** Einige Symbole, die die Alchemisten verwendeten, um Elemente, Energieformen, Verbindungen, Vorgänge und Arbeitsgeräte zu bezeichnen. Metalle standen im Zusammenhang mit der Sonne, dem Mond und den Planeten: Gold mit dem Erdboden, Silber mit dem Mond, Kupfer mit der Venus, Eisen mit dem Mars, Zink mit Jupiter, Blei mit Saturn, etc.

# Einteilung und Eigenschaften

Es gibt Begriffe, die sich nicht definieren lassen; der Begriff der Stoffe ist einer davon. Wir können uns jedoch alle etwas darunter vorstellen, weil Stoffe im allgemeinen sichtbar und berührbar sind. Stoffe zeichnen sich also dadurch aus, daß sie ein Volumen einnehmen und eine Masse besitzen.

Der Stoffbegriff darf nicht mit dem Begriff der Masse verwechselt werden. Zwei verschiedene Körper mit der gleichen Masse müssen nicht unbedingt der gleichen Stoffklasse angehören.

Stoffe sind außerordentlich komplex, denken wir nur an die Vielzahl von Beispielen, die uns zur Verfügung stehen: Die unbelebte Welt, bestehend aus Gesteinen, Flüssen, Atmosphäre etc. einerseits, und die Welt der Lebewesen, bestehend aus Mikroben, Insekten, Pflanzen, dem Menschen etc. andererseits, setzen sich aus Stoffen zusammen. Ihre Untersuchung bedingt eine Einteilung der Stoffe; dabei stützen wir uns auf die typischen Merkmale, die sich bei jedem einzelnen Stoff beobachten lassen. Diese Merkmale oder Eigenschaften können chemischer oder physikalischer Art sein.

## CHEMISCHE EIGENSCHAFTEN

Sie treten bei chemischen Reaktionen zu Tage. So hat Zink z.B. folgende chemische Eigenschaften: Es reagiert mit Salzsäure und Schwefelsäure und setzt Wasserstoff frei. Es reagiert mit Sauerstoff und bildet Zinkoxid etc.

## PHYSIKALISCHE EIGENSCHAFTEN

Sie können mit Hilfe der Sinnesorgane ermittelt und gemessen werden, ohne daß sich der Stoff selbst in irgendeiner Weise ändert. Zu den physikalischen Eigenschaften zählen z.B. Farbe, Geschmack, Aggregatzustand, Dichte, Härte etc.

## EINTEILUNG VON STOFFEN

Jeder Stoff kann der homogenen oder heterogenen Stoffklasse zugeordnet werden.

**Homogene Stoffe:** Sie haben die gleiche Zusammensetzung und die gleiche Erscheinung wie jeder ihrer Bestandteile. Man unterscheidet zwei Arten:

*Lösungen:* Homogene Stoffe unterschiedlicher Zusammensetzung, die mit Hilfe physikalischer Trennverfahren in ihre Bestandteile zerlegt werden können. Die chemische Lösung weist ihre eigenen Eigenschaften auf, unabhängig von den Eigenschaften ihrer Bestandteile. Fügt man beispielsweise gelbe Tinte zu blauer Tinte, erhält man grüne Tinte. Das heißt, die neue Lösung hat als physikalische Eigenschaft die grüne Farbe, was sie von ihren Bestandteilen unterscheidet. Das gleiche gilt für ihre Dichte, ihren Siedepunkt etc.

*Reinstoffe:* Sie haben eine einheitliche Zusammensetzung, unabhängig von ihrer Herkunft. So haben z.B. Wasser, das durch Destillation von Meerwasser gewonnen wurde, und gereinigtes Regenwasser die gleiche Zusammensetzung und die gleichen chemischen und physikalischen Eigenschaften. Reinstoffe, die sich in einfachere Verbindungen zerlegen lassen, nennt man chemische Verbindungen. Sie lassen sich durch chemische Formeln darstellen, die die Grundbestandteile der Verbindung sowie deren Anteile angeben. Heute kennt man über drei Millionen Verbindungen.

Reinstoffe, die sich nicht in einfachere Verbindungen aufspalten lassen und die dazu dienen, Verbindungen herzustellen, nennt man chemische Elemente. Man kennt heute 109 Elemente, von denen ungefähr 90 in kleineren oder größeren Anteilen in der Natur vorkommen. Alle anderen Elemente können künstlich gewonnen werden und sind hauptsächlich von wissenschaftlichem Interesse. Die Elemente werden durch chemische Symbole dargestellt und sind im sogenannten Periodensystem der Elemente (S. 38) aufgelistet. In der Praxis enthalten alle Reinstoffe einen geringen Anteil anderer Substanzen (Verunreinigungen). Man spricht daher von einem chemisch reinen Stoff, wenn nur geringfügige Mengen an Verunreinigungen enthalten sind.

**Heterogene Stoffe:** Ein Gemisch aus zwei oder mehreren Reinstoffen, wobei jeder Reinstoff (genannt Phase) seine Erscheinung und seine Eigenschaften beibehält. Als Beispiel für ein heterogenes Gemisch läßt sich Granit anführen, ein Tiefengestein, bestehend aus drei Gesteinsphasen: Quarz, Feldspat und Glimmer.

**Abbildung 8:** Schaubild zur Einteilung von Stoffen. Angegeben sind die Merkmale jeder Stoffklasse sowie die Beziehung zwischen den Klassen.

# Stöchiometrie in chemischen Verbindungen

Bis zur zweiten Hälfte des 18. Jahrhunderts machten die *Chemiker* Versuche, die sie zwar äußerst genau beschrieben; sie zeichneten die Geräte, die sie verwendeten und beschrieben detailliert alle angewandten Techniken. Die Abhandlungen zeugten von Sorgfalt und waren interessant, aber es lagen ihnen keine Gesetze zugrunde, die eine organisierte Forschung chemischer Prozesse erlaubt hätten.

Antoine Laurent Lavoisier, geboren 1743 in Paris und dort am 8.Mai 1794 in der Zeit des Terrors der Französischen Revolution durch das Fallbeil öffentlich hingerichtet, ist es zu verdanken, daß dieser Systemlosigkeit ein Ende bereitet wurde. Bei der Realisierung seiner Arbeit wandte er wissenschaftlich exakte Methoden an und trug damit in erheblichem Maße zur Entstehung der Chemie als Wissenschaft bei.

## GESETZ VON DER ERHALTUNG DER MASSE

Der Beitrag Lavoisiers bestand in der Verwendung einer Waage als grundlegendem Meß- und Arbeitsgerät. Damit bewies er unwiderlegbar, daß bei einer *chemischen Umwandlung die Summe der Massen der an der Reaktion beteiligten Ausgangssubstanzen* (Reaktanten) *gleich der Masse der gebildeten Substanzen* (Produkte) ist.

Einige *Chemiker* vor Lavoisier hatten dieses Prinzip bereits als Arbeitsgrundlage genutzt. Doch er war es, der es experimentell untermauerte und damit allgemein durchsetzte und verbreitete, daß in der Chemie Meßinstrumente verwendet wurden (Abb. 9).

Sehr viel später - im Jahre 1916 - veröffentlichte Albert Einstein (1879-1955) seine Allgemeine Relativitätstheorie mit der berühmten Gleichung $E = m \cdot c^2$. $E$ steht für Energie, $m$ für Masse und $c$ für konstante Lichtgeschwindigkeit. Aus dieser einfachen Gleichung läßt sich etwas Phantastisches ableiten: Masse und Energie bestehen aus der gleichen Essenz, d.h. Masse läßt sich in Energie umwandeln und Energie in Masse, wie man es in den atomaren Prozessen beobachten kann. Deshalb ist das Gesetz von der Erhaltung der Masse streng genommen nicht exakt, denn in chemischen Reaktionen ist immer eine bestimmte Menge an Energie beteiligt, und folglich muß sich dies in der Veränderung der Masse widerspiegeln. In der Praxis ist die an einer chemischen Reaktion beteiligte Energie jedoch im Vergleich zur Masse nicht wahrnehmbar, deshalb gilt das Gesetz von Lavoisier - außer bei Atomkernprozessen (S. 28) - auch weiterhin.

## GESETZ VON PROUST ODER GESETZ DER KONSTANTEN MASSENVERHÄLTNISSE

Der französische Chemiker Louis Joseph Proust (1754-1826), der Lavoisiers Technik der Quantifizierung durch Abwiegen der bei der chemischen Reaktion beteiligten Substanzen übernahm, stellte 1801 folgendes Prinzip auf: *Wenn verschiedene Elemente zusammen eine feste Verbindung bilden, verbinden sie sich in einem festen Massenverhältnis* (Abb. 10).

## GESETZ VON DALTON ODER GESETZ DER MULTIPLEN PROPORTIONEN

John Dalton (1766-1844), Professor für Chemie und Physik in Manchester, formulierte 1803 das folgende, nach ihm benannte Gesetz: *Bilden unterschiedliche Mengen desselben Elements mit einer bestimmten Menge eines anderen Elements mehrere Verbindungen, dann stehen die Massen desselben Elements zueinander im Verhältnis einfacher ganzer Zahlen* (Abb. 11).

## GESETZ VON RICHTER ODER GESETZ DER UMGEKEHRTEN PROPORTIONEN

Der deutsche Chemiker Jeremias Benjamin Richter (1762-1807) formulierte das Gesetz der umgekehrten Proportionen zwar nicht selbst, aber man schreibt ihm den Satz zu: Gott ordnete alles nach Gewicht und Maß, was beweist, daß Richter sich der wissenschaftlichen Methode von Lavoisier anschloß. Er wird als Begründer der Stöchiometrie betrachtet, also der Lehre, die sich mit dem Verhältnis von Gewicht und Volumen zwischen den an einer chemischen Reaktion beteiligten Substanzen beschäftigt. Er formulierte nur einen bestimmten Fall des Gesetzes der umgekehrten Proportionen, was ihm jedoch trotzdem den Verdienst einbrachte, Dalton, einem anderen wichtigen Wissenschaftler dieser Zeit, zuvorgekommen zu sein: *»Wenn zwei Elemente A und B mit derselben Menge eines anderen Elements C reagieren, dann sind die Mengenverhältnisse von A und B bei einer Reaktion untereinander die gleichen wie bei ihrer Reaktion mit C oder ein Vielfaches davon.«* (Abb. 12).

**Abb. 9.** Ein einfaches Experiment bestätigt das Gesetz von der Erhaltung der Masse. Ein Reagenzglas mit der transparenten Lösung Blei (II)-nitrat wird gewogen. Das Reagenzglas hat einen Verschluß, der so in das Glas eingebracht ist, daß zwischen ihm und dem Glas einige Kaliumjodkristalle isoliert werden. Man erhält das gleiche Gewicht, wenn man das Reagenzglas umdreht und die Lösung mit dem Feststoff in Kontakt kommt. In der spontan ablaufenden Reaktion schlägt sich gelbes Blei (II)-jodid nieder.

**Abb. 10.** Ein Beispiel für das Gesetz von Proust: 1,11 g Wasserstoff verbindet sich jeweils mit 8,89 g Sauerstoff und bildet 10 g Wasser. Erhöht man die Menge des Sauerstoffs, ohne die Menge des Wasserstoffs zu erhöhen, erhält man die gleiche Menge an Wasser. Der Überschuß an Sauerstoff reagiert nicht. In der beschriebenen Reaktion nennt man den Wasserstoff das *limitierende Reagenz*, weil die Reaktion ohne ihn nicht mehr ablaufen kann.

**Abb. 11.** Beispiel für die Anwendung des Daltonschen Gesetzes: 16 g Sauerstoff verbinden sich mit 14 g Stickstoff zu Stickstoffmonoxid oder mit 7 g Stickstoff zu Stickstoffdioxid. Das ergibt ein einfaches Ganzzahlenverhältnis zwischen den unterschiedlichen Stickstoffmengen, die sich mit der gleichen Sauerstoffmenge im Verhältnis 7:14=1:2 verbinden.

**Abb. 12.** Beispiel für das Gesetz von Richter: 3 g Kohlenstoff und 1 g Wasserstoff verbinden sich mit der gleichen Sauerstoffmenge (8 g). Man erhält zwei verschiedene Verbindungen (jeweils Kohlendioxid und Wasser). Das Verhältnis 3:1 ist das gleiche, mit dem sich Kohlenstoff und Wasserstoff zu Methan verbinden (S. 51).

# Daltons Atomtheorie. Volumen-Gesetze

Die durch Experimente gewonnenen Gesetze der Stöchiometrie in chemischen Verbindungen waren erneut ein Beweis für die Ordnungsverhältnisse der Natur. Chemische Reaktionen laufen quantitativ ab. Eine Substanz reagiert mit einer oder mehreren anderen Substanzen, wobei das Verhältnis zwischen den entsprechenden Gewichten erhalten bleibt. Sie können sich in kleinen oder großen Mengen verbinden, das Verhältnis wird stets beibehalten.

Um diese Beobachtungen zu erklären, nahm John Dalton (S. 12) an, daß jedes Element aus konkreten Stoffmengen besteht. Das erklärt die Vielfachen dieser Stoffe und außerdem, daß nur einige bestimmte Gewichtsanteile bei der Reaktion eine Rolle spielen. Er akzeptierte damit Demokrits Atomtheorie, die besagte, daß Stoffe aus kleinsten, unteilbaren Teilchen (Atomen) bestehen.

Am 21. Oktober 1803 präsentierte er anläßlich einer Konferenz, die von der Library and Philosophical Society in Manchester abgehalten wurde, seiner aus nur sieben Personen bestehenden Zuhörerschaft zum ersten Mal seine so bedeutende Atomtheorie. Diese wurde 1808 in dem Buch »New System of Chemical Philosophy« veröffentlicht und allgemein akzeptiert.

Die wesentlichen Aussagen seiner Theorie sind folgende:

**1.** Elemente bestehen aus Atomen, d.h. aus unteilbaren Stoffteilchen, die weder zerstört noch hergestellt werden können (Abb. 13).

**2.** Atome eines gleichen Elements haben die gleiche Masse und gleiche Eigenschaften (Dalton stellte sie anhand von Kreisen dar, die sich durch verschiedene Muster unterscheiden, wie Abb. 14 zeigt).

**3.** Atome können sich in verschiedenen einfachen numerischen Verhältnissen untereinander verbinden und *»Atomverbindungen«* bilden (wir nennen das heute Moleküle).

**4.** Alle »Atomverbindungen« der gleichen Substanz haben die gleiche Masse und die gleichen Eigenschaften (Abb. 15). Außerdem ist die Existenz von zwischenatomaren Hohlräumen ein Beweis für die Kompressionsfähigkeit von Gasen, für die Änderung der Aggregatzustände und die Ausdehnung der Stoffe. Um diese Tatsachen begreifen zu können, muß man davon ausgehen, daß die Materie uneinheitlich aufgebaut ist.

## GESETZE ÜBER GASVERBINDUNGEN

Da es einfacher ist, den von einem Gas eingenommenen Rauminhalt, sein Volumen, anstatt seines Gewichtes zu messen, untersuchten die Chemiker das Verhältnis der Volumina, in dem Gase sich miteinander verbinden. Joseph Louis Gay-Lussac (1778-1850), französischer Chemiker und Physiker, formulierte 1808 das folgende experimentelle Gesetz (Abb. 17):

**1.** Bei jeder chemischen Reaktion stehen die Volumina der reagierenden Gase in einem einfachen Zahlenverhältnis zueinander.

**2.** Es gibt ein einfaches Zahlenverhältnis zwischen dem Gasvolumen des Reaktionsprodukts und der Summe der Volumina der reagierenden Gase.

**Abb. 13.** Laut Dalton unterscheiden sich die Atome verschiedener Elemente in ihrer Masse und in anderen Eigenschaften.

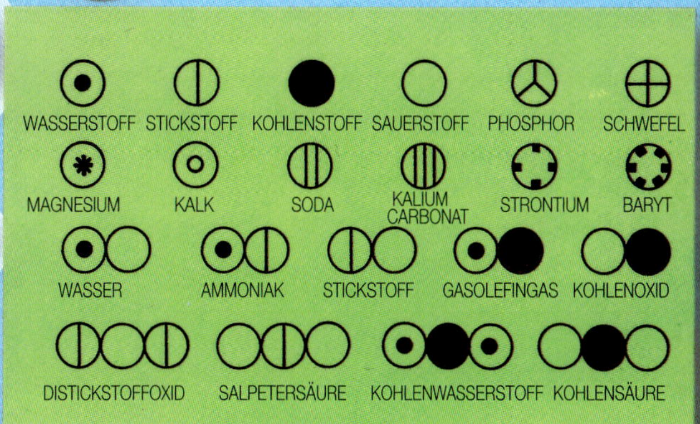


**Abb. 14.** Einige Symbole, die Dalton eingeführt hat, um Elemente und Verbindungen darzustellen.

**Abb. 15.** Dalton postulierte, daß Atome verschiedener Elemente sich untereinander in einfachem Ganzzahlenverhältnis verbinden. So verbindet sich ein Eisenatom beispielsweise mit einem Sauerstoffatom und bildet die Atomverbindung Eisen (II)-oxid.

**Abb. 16.** Dalton geht davon aus, daß Atome verschiedener Elemente, die sich in verschiedenen Ganzzahlenverhältnissen verbinden, verschiedene »Atomverbindungen« bilden. In der Abbildung verbindet sich ein Kohlenstoffatom mit einem Sauerstoffatom zu Kohlenmonoxid und mit zwei Sauerstoffatomen zu Kohlendioxid.

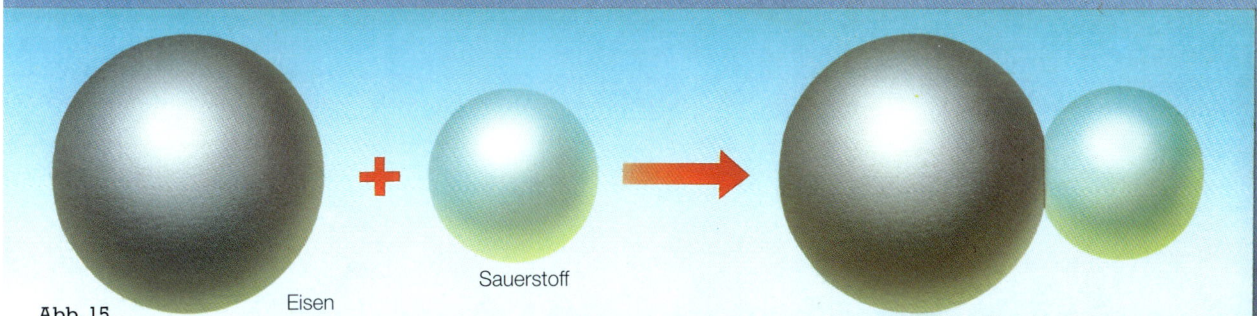


**Abb. 15**

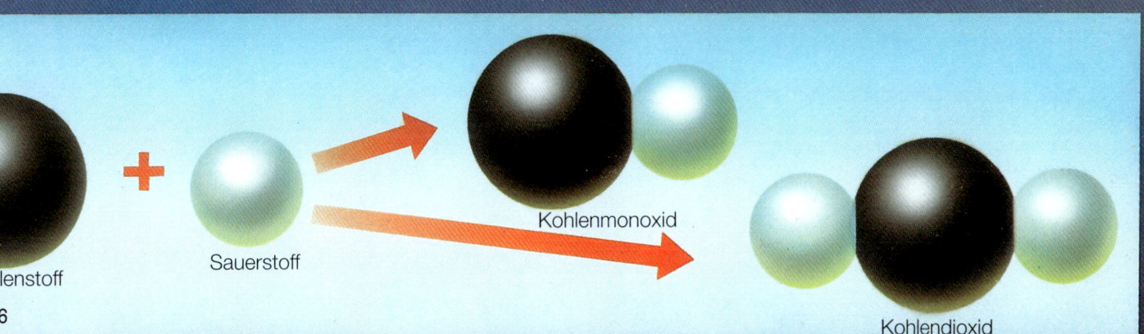


**Abb. 16**

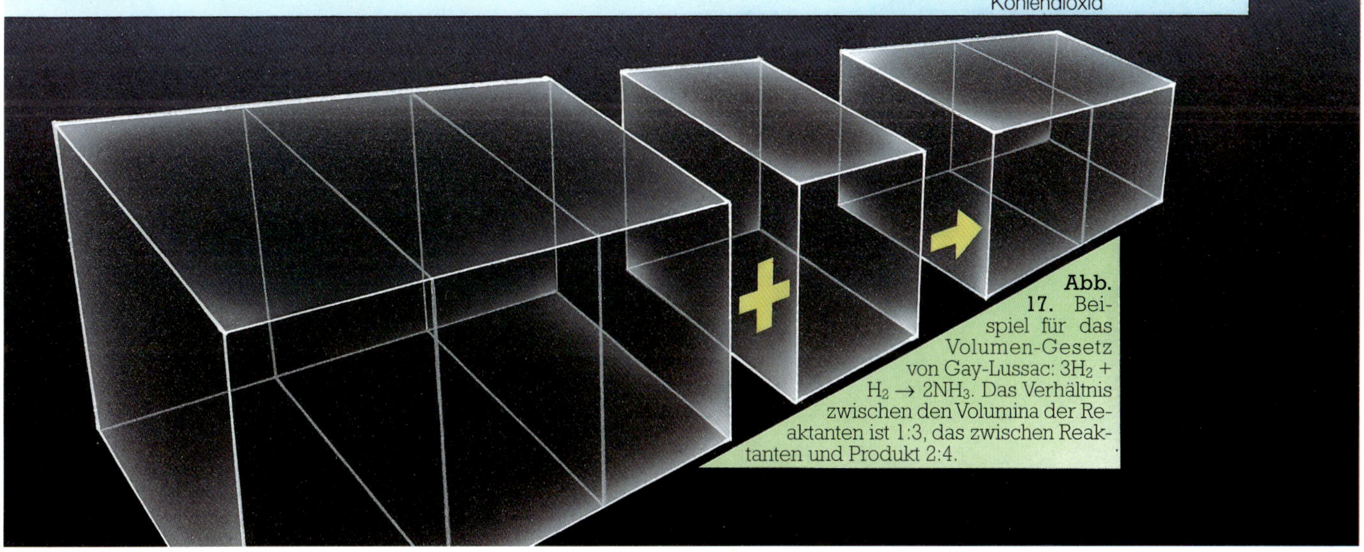

**Abb. 17.** Beispiel für das Volumen-Gesetz von Gay-Lussac: $3H_2 + H_2 \rightarrow 2NH_3$. Das Verhältnis zwischen den Volumina der Reaktanten ist 1:3, das zwischen Reaktanten und Produkt 2:4.

# Relative Atommassen; Gesetz von Avogadro

Die Untersuchung der stöchiometrischen Gesetzmäßigkeiten chemischer Verbindungen brachte Dalton auf den Gedanken, jedem Element eine relative Masse zuzuweisen (relativ zu einem anderen Element). Um diese zu ermitteln, war es notwendig, das Verhältnis der einzelnen Atome, die eine Atomverbindung aufbauen, zu kennen. In seiner Theorie der maximalen Einfachheit nahm Dalton an, daß zwei Stoffe nur eine einzige Verbindung miteinander eingehen können und diese eine binäre Verbindung im Verhältnis 1:1 ist, d.h. aus nur zwei Atomen besteht. So würde sich ein Sauerstoffatom mit einem Wasserstoffatom verbinden, um eine Atomverbindung aus Wasser zu bilden, deren Formel HO ist. In dem Beispiel des Gesetzes von Proust (Abb. 10) sehen wir, daß 8,89 g Sauerstoff mit 1,11 g Wasserstoff reagieren, das Verhältnis ist also: 1.11/8,99 ≅ 1/8. Daraus ergibt sich, daß die Masse des Sauerstoffatoms 8mal größer ist als die des Wasserstoffs.

Betrachtet man die Atommasse von Wasserstoff willkürlich als Bezugseinheit, läßt sich dem Sauerstoffatom eine relative Masse von 8 zuweisen. Leider entspricht dieses mit Hilfe der Theorie der maximalen Einfachheit ermittelbare Ergebnis (das Dalton nicht exakt berechnete) nicht den experimentellen Befunden. Dieser Mangel in Daltons Theorien erwies sich für die Weiterentwicklung der Chemie als Wissenschaft zweifellos als Hindernis. So konnten beispielsweise weder Dalton selbst noch Gay-Lussac das Verhalten von Gasen, die sich nach dem Volumen-Gesetz von Gay-Lussac in konstanten Volumina miteinander vereinigen, mit Hilfe der Atomtheorie deuten. Gay-Lussac konnte nicht akzeptieren, daß seine Experimente nicht mit Daltons Theorien übereinstimmten. Und Dalton verstand nicht, warum das Volumen-Gesetz nicht in seine Atomtheorie paßte, da diese doch andererseits die stöchiometrischen Gesetzmäßigkeiten in den nicht gasförmigen chemischen Verbindungen exakt wiedergab.

**GESETZ VON AVOGADRO**

Amadeo Avogadro (1776-1856), Graf von Quaregna und Professor für Physik an der Universität von Turin, fand eine Möglichkeit, die Ergebnisse von Gay-Lussac mit der Atomtheorie Daltons zu vereinen. Im Jahre 1811 äußerte er die Vermutung, daß die elementaren Gasteilchen nicht aus einfachen Atomen bestanden, sondern aus Atomaggregaten, sogenannten Molekülen (vom lateinischen moles = Masse). Er nahm weiterhin an, daß verschiedene Gase mit gleichem Volumen, das unter den gleichen Druckverhältnissen und der gleichen Temperatur gemessen wurde, auch die gleiche Anzahl von Molekülen haben mußten (Abb. 18). Auch André Marie Ampère (1775-1836), französischer Chemiker, Physiker und Philosoph, gelang es, diese Hypothese 1814 unabhängig von Avogadro aufzustellen.

Demnach sollten Gaselemente aus Molekülen bestehen, die im allgemeinen zwei Atome enthalten. Findet eine chemische Reaktion statt, spalten sich die Moleküle und ihre Atome werden frei. Diese verbinden sich dann erneut zu Molekülen. Diese Vorstellung wurde jedoch von der damaligen Wissenschaft nicht so ohne weiteres akzeptiert. Man wußte aus der Elektrochemie, daß z.B. eine elektrisch leitende Verbindung nur durch elektrostatische Anziehungskräfte, d.h. durch die Anziehungskräfte zwischen gegensätzlich geladenen Teilchen, zustande kommen konnte. Eine der Schwierigkeiten lag in der Vorstellung, daß sich nach Avogadro gleichartige Atome anziehen sollten, um ein Molekül zu bilden. Selbst wenn man annahm, daß Moleküle wirklich existierten, war es nicht einsichtig, warum ein Gasmolekül aus zwei und nicht etwa aus drei oder vier Atomen bestehen sollte. Wie aber konnte man dann bei einem Element eine bestimmte Atommasse zugrundelegen?

Es sollten noch 47 Jahre vergehen, bevor der italienische Chemiker Stanislao Cannizzaro (1826-1910) 1858 in seinem Lehrgang der theoretischen Chemie die Bedeutung und die Hintergründe der Avogadroschen Hypothese klären würde.

Cannizzaro beseitigte - sich auf die Hypothese von Avogadro stützend - die Verwirrung um den Unterschied zwischen Atom- und Molekulargewicht und entwickelte eine Methode, unbekannte Atomgewichte von Elementen in leicht flüchtigen Verbindungen aus dem Molekulargewicht der Verbindungen abzuleiten. Damit ließen sich die Atommassen vieler Elemente schon mit ziemlicher Genauigkeit bestimmen.

Im Jahre 1818 fanden Pierre Dulong (1785-1838) und Alexis Petit (1791-1820) bei ihren Experimenten an Metallen heraus, daß die Atome aller einfachen Körper genau dieselbe Wärmekapazität besitzen, nämlich etwa 26 Joule pro Mol und°C (Atommasse 1 von Wasserstoff). Somit läßt sich ausgehend von der ermittelbaren spezifischen Wärme der Elemente ihre Atommasse berechnen:

*Spezifische Wärme ( Atommasse =* $6{,}3\ cal \cdot mol^{-1}.\ °C = 26\ J \cdot mol^{-1}\,°C.$

Damit fand die Zeit der Verwirrung um die Atommasse ein Ende.

Im Jahre 1961 legte die Internationale Gemeinschaft für Theoretische und Angewandte Chemie eine feste Einheit für die Atommasse, die sogenannte atomare Masseneinheit (Einheit: u), auf ein Zwölftel der Masse eines Kohlenstoffatoms fest:
1 u = 1, 66057 • 10-27kg.

Die Stoffmenge, die der Atommasse eines Elements oder der Molekülmasse einer Verbindung in Gramm entspricht, nennt man Mol. Ein Mol einer Substanz enthält immer $6{,}0235 \cdot 10^{23}$ Teilchen (Avogadro-Konstante $N_A$). Ein Mol eines jeden idealen Gases (S.56) nimmt unter Normalbedingungen °C und 1 Atmosphärendruck immer denselben Raum (Volumen) ein, nämlich 22,4 l.

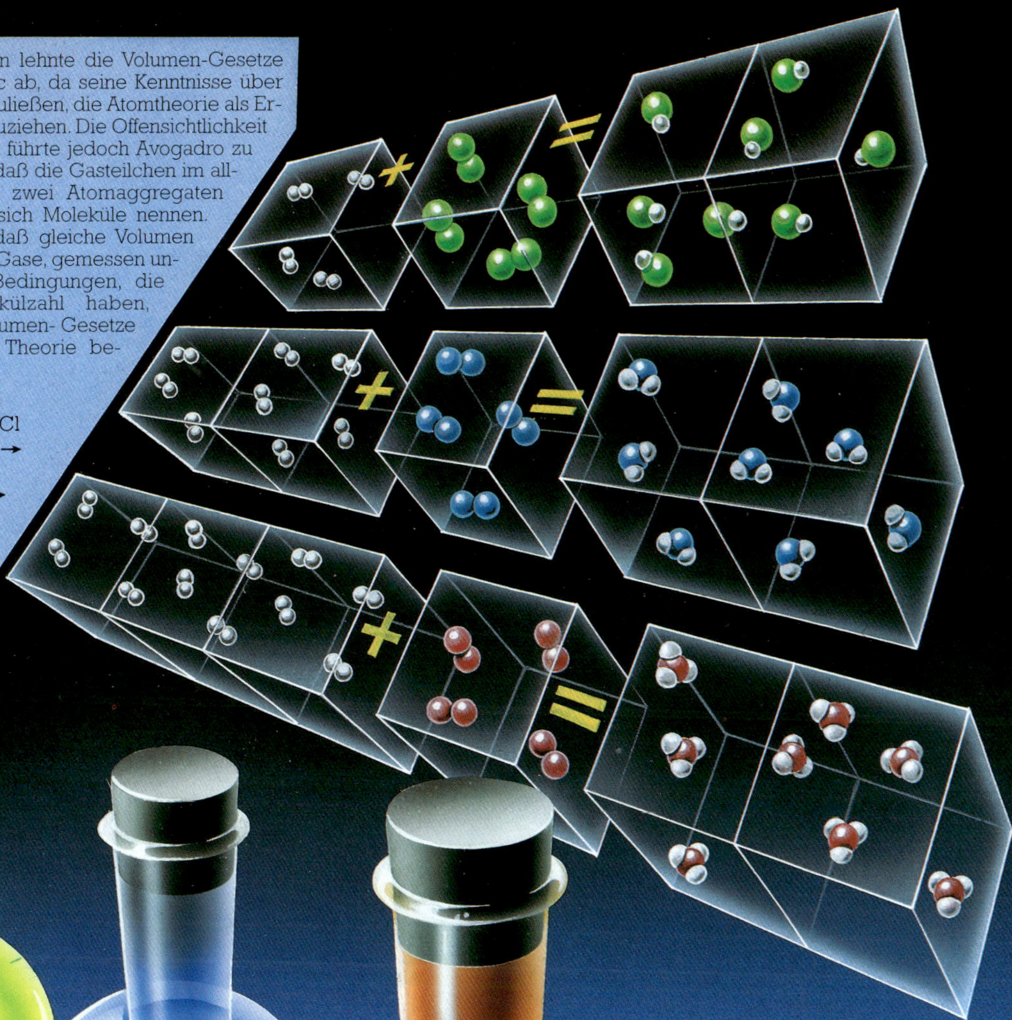

**Abb. 18.** Dalton lehnte die Volumen-Gesetze von Gay-Lussac ab, da seine Kenntnisse über Gase es nicht zuließen, die Atomtheorie als Erklärung heranzuziehen. Die Offensichtlichkeit dieser Gesetze führte jedoch Avogadro zu der Annahme, daß die Gasteilchen im allgemeinen aus zwei Atomaggregaten bestehen, die sich Moleküle nennen. Als man sah, daß gleiche Volumen verschiedener Gase, gemessen unter gleichen Bedingungen, die gleiche Molekülzahl haben, konnten die Volumen-Gesetze durch Daltons Theorie bestätigt werden.

$H_2 + Cl_2 \rightarrow 2HCl$
$2H_2 + O_2 \rightarrow 2H_2O$
$3H_2 + N_2 \rightarrow 2NH_3$

**Abb. 19.** Aus dem Prinzip von Avogadro konnte gefolgert werden: Ein Mol eines jeden idealen Gases (S. 56) nimmt bei gleichem Druck und gleicher Temperatur das gleiche Volumen ein. Bei Normalbedingungen °C und 1 Atmosphärendruck beträgt dieses Volumen 22,4 l.

**Abb. 20.** Ein Beispiel für die Größenordnung der Avogadro-Konstante: Die Wassermenge, die in den Niagarafällen (USA) auf einer Länge von 1270 m und 49 m Höhe herabfällt, beträgt ungefähr 6500 $m^3/s$. In einem Wassertropfen gibt es mehr Moleküle, als Tropfen in 400 Jahren diese Wasserfälle herabfallen könnten (bei konstantem Wasserfluß).

# Elementarteilchen

Daltons Atomtheorie war außerordentlich nützlich, um zahlreiche Stoffeigenschaften zu erklären. Allerdings konnte sie keine Erklärungen für Phänomene wie die elektrische Aufladung von Körpern durch Reiben, die Funktionsweise einer elektrischen Batterie, das Phänomen der Elektrolyse und die Einteilung der Elemente ins Periodensystem liefern.

Seit Alessandro Volta (1745-1827) im Jahre 1800 die elektrische Batterie erfunden hatte, wurden viele Forscher von dem Phänomen der dynamischen Elektrizität angezogen. Als man gewisse Substanzen (heute *Elektrolyte* genannt) in Wasser löste, erhielt man Lösungen, die elektrisch leitfähig waren. Gleichzeitig konnten gewisse chemische Veränderungen beobachtet werden. Die Briten Humphry Davy (1778-1829) und Michael Faraday (1791-1867) erzielten auf diesem Gebiet einzigartige Ergebnisse. Faraday nannte dieses Phänomen *Elektrolyse* und entwarf die zugrundeliegenden Gesetze. Davy beobachtete, daß gewisse Substanzen im geschmolzenen Zustand elektrisch leitfähig waren, obwohl sie es im festen Zustand nicht waren; er war in der Lage, durch Elektrolyse erstmals Kalium, Natrium, Barium, Strontium, Calcium und Magnesium in reiner Form zu gewinnen.

Da Gase kaum elektrisch leitfähig sind, war es verständlich, daß viele Forscher nach den idealen Bedingungen suchten, um auch sie leitfähig zu machen.

So konnte gezeigt werden, daß bei Einschluß eines Gases und Herstellung eines Vakuums im Innern einer Glasröhre, welche zuvor an *Kathode* (negativer Pol) und *Anode* (positiver Pol) einer Spannungsquelle angeschlossen worden war, ein Strom von ungefähr 10 000 V floß. Dieser Strom rief unerklärliche Leuchterscheinungen hervor. Als das eingeschlossene Gas im Innern einen Druck von ca. 5 Torr (ca. 660 Pa) aufwies, leuchtete der gesamte abgeschlossene Röhreninnenraum. Die Farbe des Lichts hing von der Art des eingeschlossenen Gases ab.

Der Deutsche Heinrich Geissler (1814-1879) erfand ein System zur Erzeugung eines Hochvakuums im Innern der Röhren. Unter diesen Bedingungen konnte sein Landsmann Julius Plücker (1801-1868) im Jahre 1858 ein lokalisierbares grün-fluoreszierendes Licht hinter dem Glas an der Anode wahrnehmen. Dieses Licht war nicht von der Art des eingeschlossenen Gases abhängig (Abb. 22).

Plücker beobachtete außerdem, daß die entstandenen Strahlen von einem magnetischen Feld (Abb. 33) abgelenkt wurden; daraus schloß er, daß die Strahlen elektromagnetischer Natur waren.

Im Jahre 1881 behauptete der irische Physiker George Johnstone Stoney (1826-1911), daß Elektrizität keinen kontinuierlichen Fluß darstellte, wie man damals dachte, sondern daß es sich um die Bewegung geladener Teilchen handelt, die er Elektronen nannte. Der Deutsche Eugen Goldstein (1850-1931) nannte die von Plücker beobachteten Strahlen *Kathodenstrahlen.* Im Jahre 1886 verwendete Goldstein eine perforierte Kathode und entdeckte, daß es Strahlen gab, die die Lochkanäle in entgegengesetzter Richtung zu den Kathodenstrahlen durchdrangen (Abb. 25). Er nannte diese Strahlung *Kanalstrahlung,* heute nennt man sie *Anodenstrahlen.* Ihre Farbe hängt von der Art des eingeschlossenen Gases ab.

William Crookes (1832-1919), englischer Physiker, änderte die Form von Geisslers Röhren und führte in das Röhreninnere Objekte ein. Diese wurden durch die Strahlen, die aus der Kathode kamen, bewegt (Abb. 24). Das war der Beweis dafür, daß diese Strahlen - Kathodenstrahlen - stofflicher Art waren und sich geradlinig fortbewegten. Im Jahre 1897 stellte der englische Physiker Joseph John Thomson (1856-1940) fest, daß die Kathodenstrahlen aus negativ geladenen Teilchen bestanden, die man in Anlehnung an Stoneys Theorie *Elektronen* nannte. Er zeigte, daß die Kathodenstrahlen von einem elektrischen Feld abgelenkt wurden, maß das Verhältnis zwischen Ladung und Masse der Elektronen und konnte beweisen, daß ihre Masse ein Bruchteil der Masse des Wasserstoffatoms war. Damit war nicht nur die Existenz des Atoms bewiesen, sondern auch die Tatsache, daß das Atom teilbar war, da man in seinem Innern noch kleinere, subatomare Teilchen entdeckt hatte.

Im Jahre 1906 gelang es dem Amerikaner Robert Andrews Millikan (1868-1953), den Wert einer Atomladung auf $1{,}602 \cdot 10^{-19}$ Coulomb zu bestimmen. Die *Elektronenmasse* konnte aus dem Verhältnis Ladung/Masse ermittelt werden: $9{,}108 \cdot 10^{-31}$ kg. Im Jahre 1895 erbrachte Jean Baptist Perrin (1870-1942) den Beweis, daß es sich bei den Kanalstrahlen um positiv geladene Strahlen handelte. Ernest Rutherford (1871-1937) zeigte außerdem, daß man das leichteste Teilchen dann feststellen konnte, wenn das verwendete Gas Wasserstoff war. Er nannte es *Proton,* was von dem griechischen Wort »*Protos*« abgeleitet ist und soviel heißt wie »erster«, denn die Massen der anderen positiven Ionen sind um ein Vielfaches größer als die Masse des Protons. Die elektrische Ladung dieses Teilchens entspricht der des Elektrons, allerdings mit umgekehrtem Vorzeichen; seine Masse ist außerdem 1836mal größer. Im Jahre 1932 entdeckte James Chadwick bei seinen nuklearen Forschungen (S. 26) ein anderes atomares Teilchen, das *Neutron.* Das Neutron ist ladungsneutral und weist eine Masse auf, die ungefähr der des Protons entspricht.

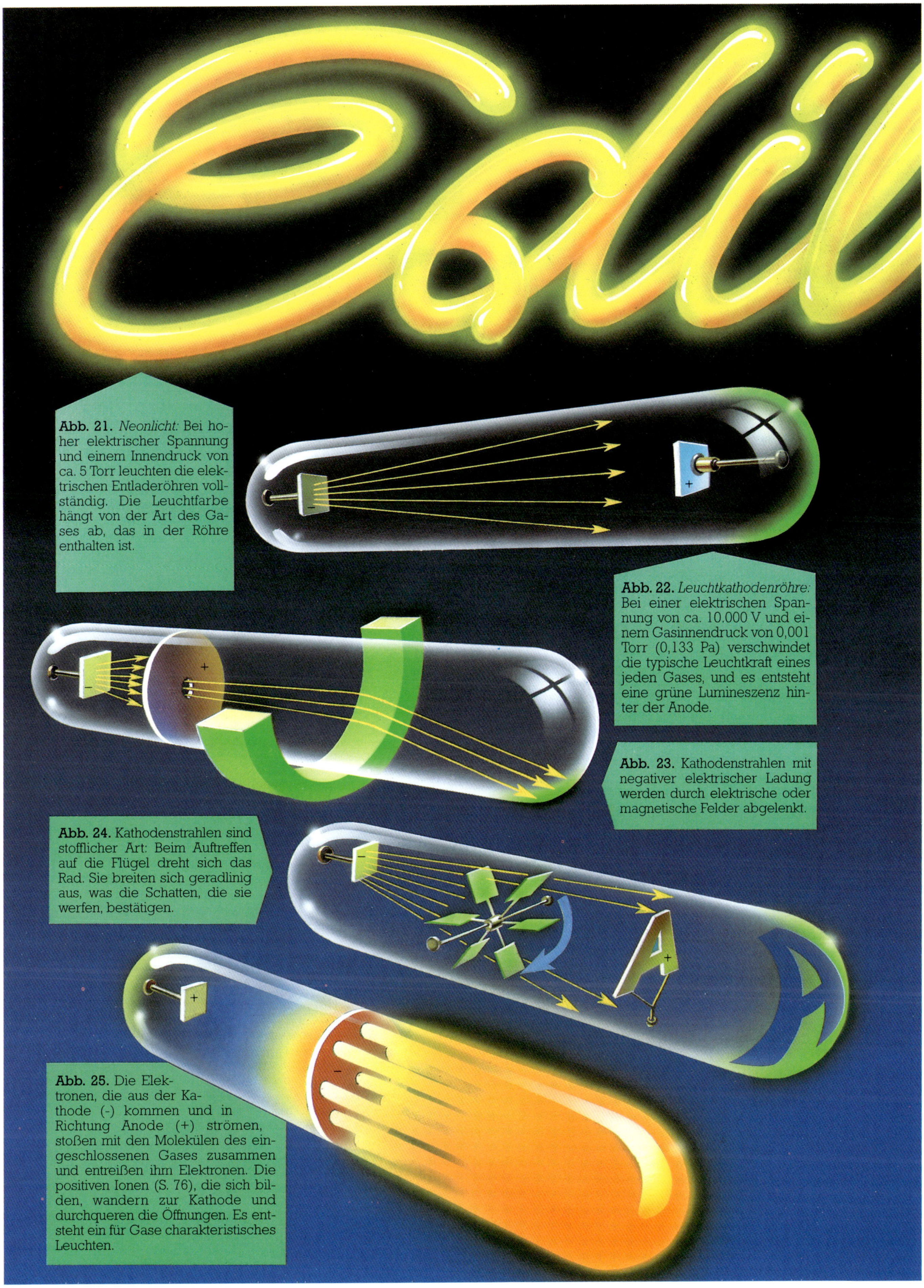

**Abb. 21.** *Neonlicht:* Bei hoher elektrischer Spannung und einem Innendruck von ca. 5 Torr leuchten die elektrischen Entladeröhren vollständig. Die Leuchtfarbe hängt von der Art des Gases ab, das in der Röhre enthalten ist.

**Abb. 22.** *Leuchtkathodenröhre:* Bei einer elektrischen Spannung von ca. 10.000 V und einem Gasinnendruck von 0,001 Torr (0,133 Pa) verschwindet die typische Leuchtkraft eines jeden Gases, und es entsteht eine grüne Lumineszenz hinter der Anode.

**Abb. 23.** Kathodenstrahlen mit negativer elektrischer Ladung werden durch elektrische oder magnetische Felder abgelenkt.

**Abb. 24.** Kathodenstrahlen sind stofflicher Art: Beim Auftreffen auf die Flügel dreht sich das Rad. Sie breiten sich geradlinig aus, was die Schatten, die sie werfen, bestätigen.

**Abb. 25.** Die Elektronen, die aus der Kathode (-) kommen und in Richtung Anode (+) strömen, stoßen mit den Molekülen des eingeschlossenen Gases zusammen und entreißen ihm Elektronen. Die positiven Ionen (S. 76), die sich bilden, wandern zur Kathode und durchqueren die Öffnungen. Es entsteht ein für Gase charakteristisches Leuchten.

# Röntgenstrahlen: Radioaktivität

## RÖNTGENSTRAHLEN

Wilhelm Konrad Röntgen (1845-1923) interessierte sich im Jahre 1895 für das leuchtende Phänomen, das mit den Kathodenstrahlen in Zusammenhang stand. Um es besser beobachten zu können, legte er die Thomsonröhre in einen schwarzen Karton und verdunkelte das Labor. Nach Anschließen der Vorrichtung an eine Stromquelle beobachtete Röntgen erstaunt, daß ein mit Bariumsulfat beschichtetes Blatt Papier, das er in einem anderen Raum - also in beträchtlicher Entfernung - vor den Karton plaziert hatte, zu leuchten begann. Als er den Strom abschaltete, wurde das Blatt wieder dunkel, und bei erneutem Anschalten leuchtete es wieder. Er ließ daraufhin die Stromzufuhr eingeschaltet und ging in den anderen Raum zum Papier. Dann schloß er die Tür und war noch überraschter festzustellen, daß das Blatt noch immer leuchtete.

Zu den *fluoreszierenden* Substanzen gehören Bariumcyanoplatinat, Zinksulfid, Fluorescein etc. Sie haben die Eigenart, einen Teil der auftreffenden kurzwelligen Strahlung (unsichtbar) zu absorbieren und gleichzeitig als längerwellige Strahlung wieder auszusenden. Es schien offensichtlich zu sein, daß die Röhre Strahlen produzierte, die durch Karton und Tür hindurchgingen. Welcher Art waren diese Strahlen? Röntgen wußte es nicht, deshalb nannte er die *mysteriösen* Strahlen *X-Strahlen*.

## RADIOAKTIVITÄT

Der französische Physiker Antoine Henri Becquerel (1852-1908) machte sich im Jahre 1896 daran, das Phänomen der Fluoreszenz zu untersuchen. Da er dachte, es könne sich dabei um eine Aussendung von X-Strahlen handeln, nahm er eine selbsthergestellte fluoreszierende Verbindung, Uranyl-Kaliumdoppelsulfat, brachte sie auf eine photographische Platte auf und wickelte diese in schwarzes Papier ein. Dann setzte er alles dem Sonnenlicht aus, das reich an ultravioletter Strahlung ist. Als er die Platte entwickelte, stellte er fest, daß sie schwarz war. Er kam zu der Schlußfolgerung, daß die fluoreszierende Substanz X-Strahlen aussendet, da das Licht nicht durch das schwarze Papier hindurchkam.

Eines Tages, als er das Experiment wiederholen wollte, war die Sonne von Gewitterwolken bedeckt. Er gab sein Vorhaben auf und bewahrte die in Uransalz eingewickelte Photoplatte in einem Kästchen seines Schreibtisches auf. Da die Sonne nun tagelang nicht schien, enwickelte er die aufbewahrte Platte und hatte die vage Hoffnung, auf der Platte etwas von der ursprünglichen Strahlung der Substanz festzustellen. Er war überrascht, als er sah, daß sie schwarz war wie nach den geplanten Experimenten zuvor. Er konnte so beweisen, daß die vom Uransalz ausgesendeten Strahlen anderer Natur waren als die Röntgenstrahlen. Man nennt sie heute *Becquerelstrahlen*.

Das Ehepaar Curie, Marie Sklodowska (1867-1934) und Pierre Curie (1859-1906), maß die Intensität der Strahlung, die von allen bekannten Elementen (heute kennt man 40) ausgesendet wurde, und fand heraus, daß nur Thorium und Uran diese Strahlen aussenden. Sie nannten dieses Phänomen *Radioaktivität*. Die Strahlungsintensität war proportional zur Menge des ausstrahlenden Elements. Daraus kann man schließen, daß es sich um eine Eigenschaft des Atoms handelt. Bei ihren Forschungen entdeckten die Curies auch zwei neue Elemente, Polonium und Radium.

Rutherford (1871-1937) ließ 1899 ein magnetisches Feld auf die Strahlen eines radioaktiven Elements wirken. Er fand heraus, daß die Strahlen aus zwei Arten von Teilchen bestehen. Die positiven $\alpha$-Teilchen waren weniger durchdringend als die negativen $\beta$-Teilchen, die ein weitaus stärkeres Durchdringungsvermögen besaßen. Im Jahre 1900 wiederholte Paul Ulrich Villard (1860-1934) das Experiment mit einem stärkeren Magnetfeld. Er bewies, daß ein Teil der Strahlung nicht abgelenkt wurde. Es handelte sich um Strahlen, die den Röntgenstrahlen ähnelten und denen Rutherford 1903 den Namen $\gamma$-Strahlen gegeben hatte. Gleichzeitig fand er heraus, daß diese $\gamma$-Strahlen aus elektromagnetischen Wellen bestanden.

## BESCHAFFENHEIT RADIOAKTIVER STRAHLUNG

$\alpha$-Strahlen bestehen aus Helium-Ionen $He^{2+}$ (S. 24); sie sind positiv geladen, besitzen eine Masse und haben geringes Durchdringungsvermögen. $\alpha$-Strahlen haben keine große Reichweite und werden schon durch eine sehr feine Metallfolie zurückgehalten. Sie sind äußerst energiereich, und ihre Geschwindigkeit schwankt in der Regel zwischen 10000 und 20000 km/s.

$\beta$-Strahlen bestehen aus Elektronen mit sehr hoher, manchmal mit nahezu Lichtgeschwindigkeit. Ihr Durchdringungsvermögen ist viel größer als das der $\alpha$-Strahlen, obwohl sie nicht so energiereich sind, da sie eine 7000mal kleinere Masse besitzen.

$\gamma$-Strahlen sind energiereiche, elektromagnetische Strahlen mit einer außerordentlich kurzen Wellenlänge. Sie breiten sich mit Lichtgeschwindigkeit aus und können in der Luft lange Strecken zurücklegen. Um sie abzuschirmen, sind dicke Schichten Blei oder Beton erforderlich.

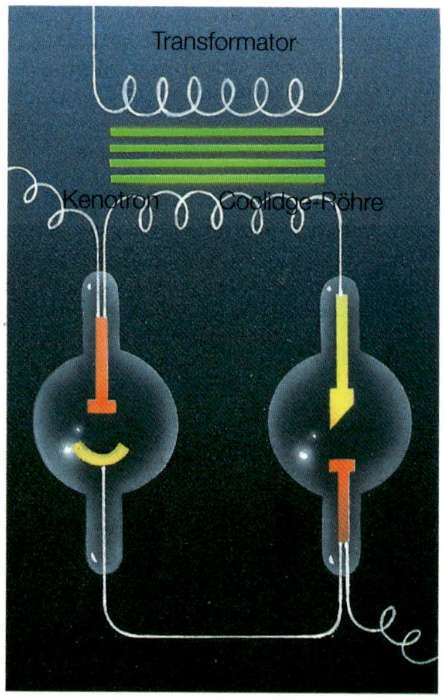


**Abb. 26.** Schematischer Aufbau eines Röntgengeräts. Der Transformator liefert die hohe erforderliche Spannung. Da es sich dabei um Wechselspannung handelt, muß ein Gleichrichter zugeschaltet werden. In diesem Fall verwendet man das Kenotron, ein entsprechendes elektronisches Ventil, um hohe Spannungen gleichzurichten.

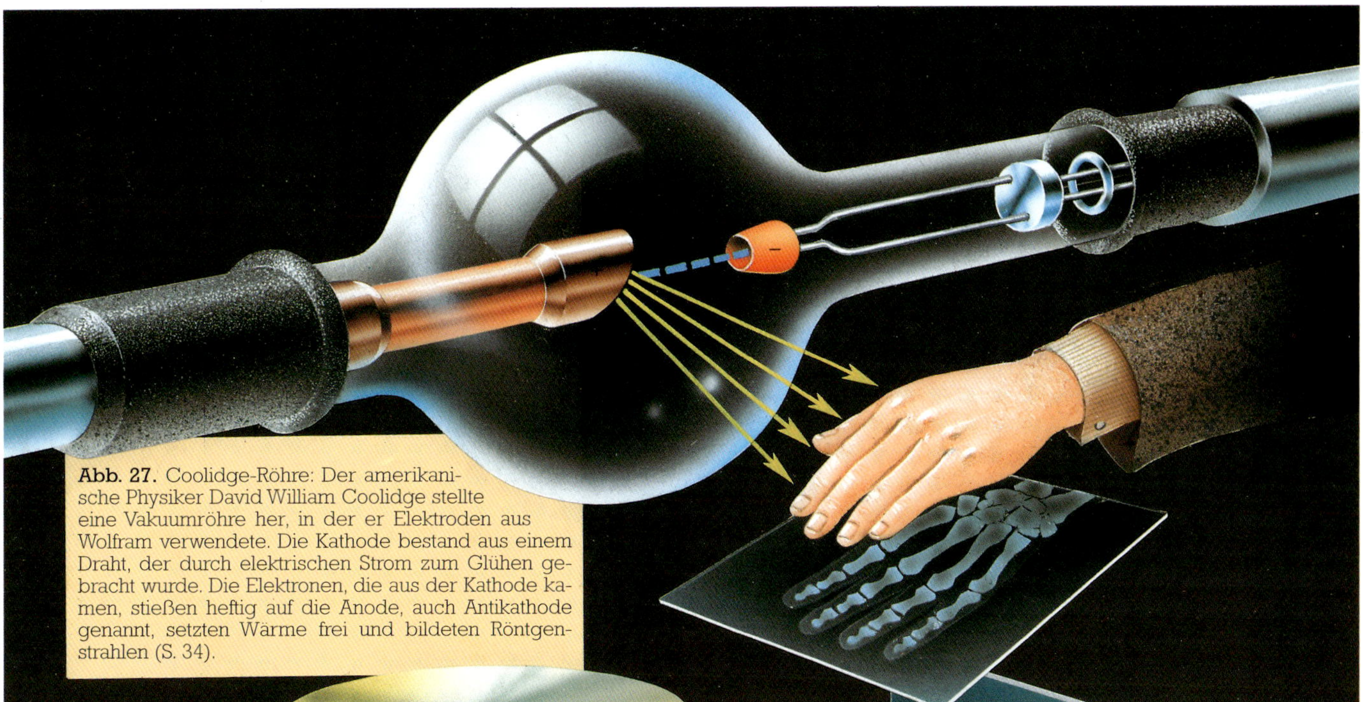

**Abb. 27.** Coolidge-Röhre: Der amerikanische Physiker David William Coolidge stellte eine Vakuumröhre her, in der er Elektroden aus Wolfram verwendete. Die Kathode bestand aus einem Draht, der durch elektrischen Strom zum Glühen gebracht wurde. Die Elektronen, die aus der Kathode kamen, stießen heftig auf die Anode, auch Antikathode genannt, setzten Wärme frei und bildeten Röntgenstrahlen (S. 34).

**Abb. 28.** Wirkungsweise eines Magnetfeldes, das von einem starken Elektromagneten erzeugt wurde, auf eine radioaktive Substanz. Eine hinter der Vorrichtung befindliche Photoplatte ermöglicht es, die Beschaffenheit der Strahlung zu analysieren. In der Mitte die γ-Strahlen, die keine Ablenkung erfahren haben, links die α-Strahlen und rechts die β-Strahlen.

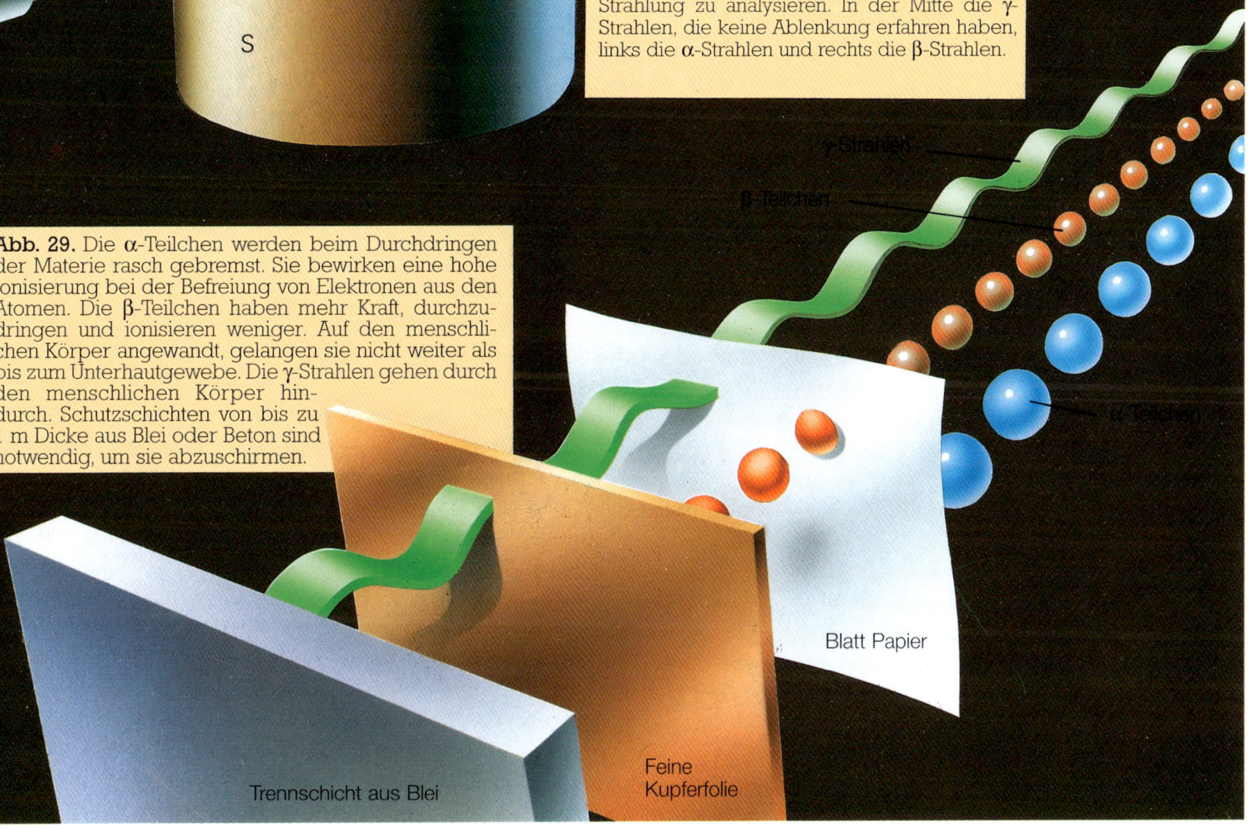


**Abb. 29.** Die α-Teilchen werden beim Durchdringen der Materie rasch gebremst. Sie bewirken eine hohe Ionisierung bei der Befreiung von Elektronen aus den Atomen. Die β-Teilchen haben mehr Kraft, durchzudringen und ionisieren weniger. Auf den menschlichen Körper angewandt, gelangen sie nicht weiter als bis zum Unterhautgewebe. Die γ-Strahlen gehen durch den menschlichen Körper hindurch. Schutzschichten von bis zu 1 m Dicke aus Blei oder Beton sind notwendig, um sie abzuschirmen.

# Atomaufbau: Atomkern

Phänomene wie die Kathoden-, Kanal- und radioaktiven Strahlen haben gezeigt, daß Atome aus Teilchen, die eine Ladung tragen, bestehen. Die Tatsache, daß ein Atom nach außen hin jedoch ladungsneutral ist, warf die Frage auf, wie diese Teilchen in einem Atom angeordnet sind.

## THOMSONS ATOMMODELL

Im Jahre 1910 unternahm Thomson einen Versuch mit dem Ziel, mehr über die Anordnung elektrischer Ladungen im Atominnern zu erfahren. Ein Strahl von $\alpha$-Teilchen wurde auf eine sehr dünne Gold- oder Silberfolie gelenkt. Der Strahl wurde beim Durchqueren des Metalls leicht von seiner ursprünglichen Richtung abgelenkt, was sich mit Hilfe einer Fotoplatte nachweisen ließ. Dieses Ergebnis führte Thomson darauf zurück, daß die positiven Teilchen auf ihrer Bahn durch vorhandene entgegengesetzte Ladungen, die Elektronen, die sich gleichmäßig verteilt im Innern des Atoms befinden mußten, leicht abgelenkt wurden. Er ging davon aus, daß das Atom aufgrund seiner hohen Protonenmasse als kleine positive elektrische Kugel angesehen werden kann, in der sich ausreichend negativ geladene Elektronen mit geringer Masse befinden, um die positive Ladung auszugleichen (Abb. 30).

## RUTHERFORDS ATOMMODELL

Im Jahre 1911 wiederholten Mitarbeiter Rutherfords, Hans Geiger und Ernest Marsden, Thomsons Versuch.

Sie beobachteten, daß die meisten Teilchen das Metall durchquerten und nur geringfügige Bahnablenkungen erfuhren, wie Thomson es beschrieben hatte. Sie waren aber überrascht, daß einige Teilchen stark abgelenkt wurden, während wieder andere am Metall abprallten und zurückgeworfen wurden. Dies ließ darauf schließen, daß sie mit einem außerordentlich dichten Hindernis zusammengestoßen waren (Abb. 32).

Aus diesen Ergebnissen entwarf Rutherford ein neues Atommodell. Demnach besteht das Atom aus einem sehr kleinen *Kern,* der eine hohe Massendichte aufweist und aufgrund der hohen Protonenkonzentration positiv geladen ist. Das restliche Atomvolumen sei leer, was erkläre, warum der größte Anteil an Teilchen das Metall ohne größere Ablenkung passiere. Nur Teilchen, die dicht am Kern vorbeigehen, erführen durch die Rückstoßkräfte zwischen Teilchen mit gleicher Ladung stärkere Ablenkung. In der *Atomhülle,* die den Kern umgibt, kreisen die Elektronen um den Kern, ähnlich wie Planeten, die um die Sonne kreisen (Abb. 34).

Rutherford gelang es, bei weiteren Untersuchungen zur Ablenkung der $\alpha$-Teilchen, den Durchmesser des Atoms auf $10^{-10}$ m zu bestimmen. Der Kerndurchmesser beträgt hingegen $10^{-15}$ m. Der Atomdurchmesser ist einige 100.000mal größer als der Durchmesser seines Kerns. Hätte der Atomkern den Durchmesser eines Tennisballs, dann müßte das gesamte Atom einen Durchmesser von etwa 6 km haben. So klein das Kernvolumen auch ist, seine Dichte hingegen ist enorm groß: $10^{14}$mal dichter als Wasser. Hätte Wasser die gleiche Dichte wie der Atomkern, dann würde einem Liter Wasser eine Masse von hunderttausend Millionen Tonnen entsprechen.

Rutherfords Modell konnte jedoch nicht erklären, warum z. B. Helium, das zwei Protonen im Kern und zwei Elektronen in der Hülle besaß, eine viermal höhere Atommasse hatte als ein Proton. Rutherford vermutete, daß es noch zwei zusätzliche Protonen und Elektronen im Kern geben mußte.

Untersuchungen, die im Zusammenhang mit dem Röntgenstrahlspektrum von Moseley im Jahre 1913 gemacht wurden (S. 30), ließen vermuten, daß es im Kern außer Protonen noch einige ladungsneutrale Teilchen geben mußte, die die gleiche Masse hatten wie die Protonen. Diese Vermutungen wurden bestätigt, als Chadwick 1932 das Neutron (S. 26) entdeckte. Die Anzahl der Protonen im Kern wird als sogenannte *Kernladungszahl* (Z) bezeichnet; sie stimmt bei einem neutralen Atom mit der Zahl der Elektronen in der Hülle überein. Die Summe aus Protonen und Neutronen, den Kernteilchen oder *Nukleonen,* heißt *Massenzahl* (A). Man vermutet, daß die Neutronen ein durch die gegenseitige Abstoßung begründetes Auseinanderfliegen der Protonen verhindern und somit den Kern des Atoms stabilisieren.

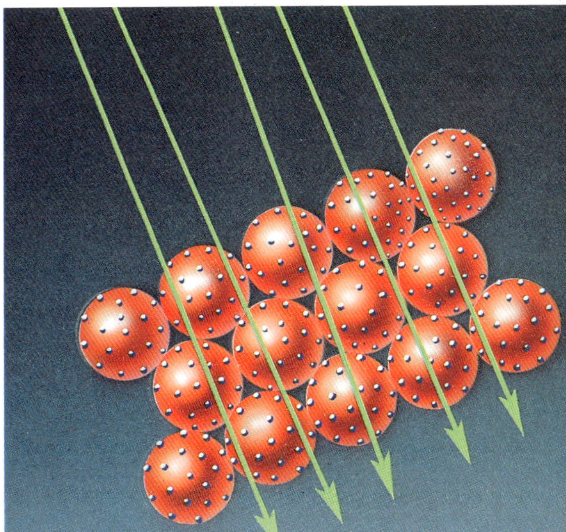

**Abb. 30.** Thomson nahm an, daß die Atome aus einer einheitlich aufgebauten positiv geladenen Kugel (Protonen) mit eingelagerten Teilchen bestehen, deren Masse unbedeutend ist und die negativ geladen sind (Elektronen). Ihre Anzahl ist ausreichend, um die elektrische Neutralität des Atoms zu gewährleisten.

**Abb. 31.** Rutherford nahm an, daß das Atom aus einem positiven zentralen Bereich *(Kern)* bestand, der sehr dicht ist und die Protonen (und Neutronen) enthält. Die Elektronen befinden sich auf Umlaufbahnen um den Kern und bilden einen Streifen, der den Kern umhüllt *(Atomhülle)*.

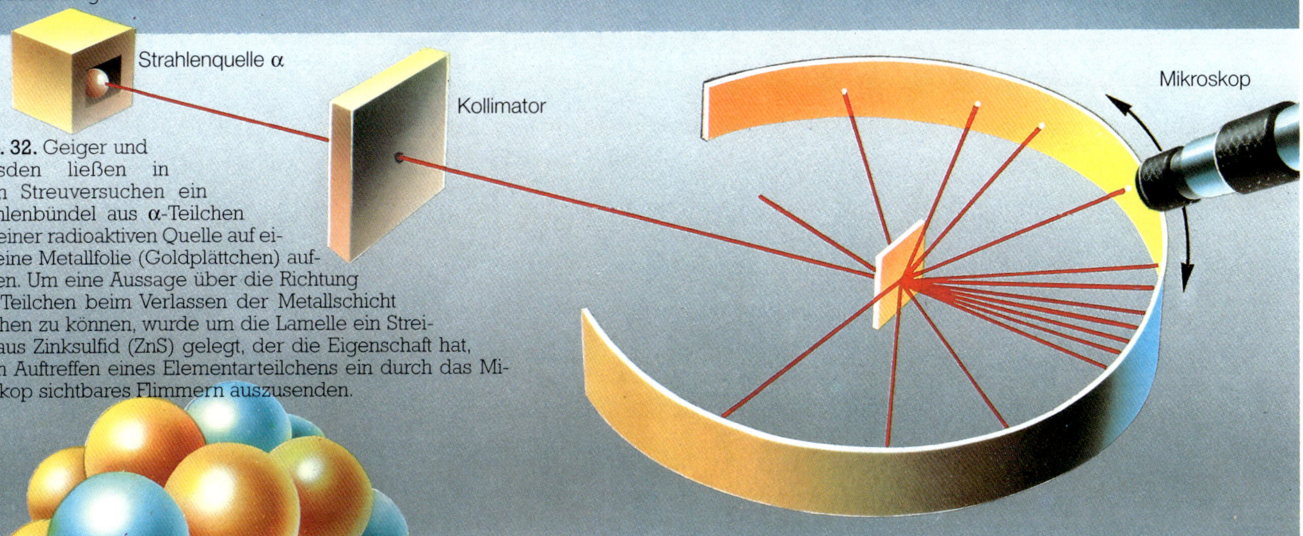


**Abb. 32.** Geiger und Marsden ließen in ihren Streuversuchen ein Strahlenbündel aus α-Teilchen aus einer radioaktiven Quelle auf eine feine Metallfolie (Goldplättchen) auftreffen. Um eine Aussage über die Richtung der Teilchen beim Verlassen der Metallschicht machen zu können, wurde um die Lamelle ein Streifen aus Zinksulfid (ZnS) gelegt, der die Eigenschaft hat, beim Auftreffen eines Elementarteilchens ein durch das Mikroskop sichtbares Flimmern auszusenden.

**Abb. 33.** Atomkern. Er besteht aus *Protonen* und *Neutronen*. Die Zahl der Kernprotonen nennt man *Kernladungszahl* (Z). Die Summe aus Protonen und Neutronen, genannt *Nukleonen*, nennt man *Massenzahl* (A).

**Abb. 34.** Rutherford nahm an, daß die Elektronen sich in Kreisbahnen um den Kern bewegen, ähnlich wie die Planeten um die Sonne, um den elektrostatischen Anziehungskräften zwischen den Elektronen und dem Kern entgegenzuwirken.

# Radioaktive Zerfallsreihen. Isotope

Schon 1902 zeigten Rutherford und sein Mitarbeiter Frederick Soddy (1877-1956), daß Thorium und Uran sich in eine Reihe von Mischelementen spalten, die sich von den ursprünglichen Elementen unterscheiden. Sie nahmen an, daß auch die Strahlung von Heliumkernen ($\alpha$-Strahlung) oder Elektronen ($\beta$-Strahlung) auf den spontanen Zerfall eines radioaktiven Elements, das in ein anderes Element umgewandelt wird (radioaktiv oder nicht), zurückzuführen ist. Sie konnten nachweisen, daß jede radioaktive Substanz eine charakteristische Zerfallsdauer oder *Halbwertszeit* besitzt, innerhalb derer die Aktivität auf die Hälfte des Wertes zu Beginn dieses Zeitintervalls abgesunken ist. Die Anzahl der Atome, die pro Zeiteinheit zerfallen, ist proportional zur Anzahl von Atomen, die nicht zerfallen. Ob ein bestimmtes Atom zerfällt oder nicht, hängt von der Art des jeweiligen Elements ab.

## RADIOAKTIVE ZERFALLSREIHEN

Ein radioaktives Atom kann also zerfallen und ein neues Atom eines anderen Elements bilden, das auch radioaktiv ist. Dieser Prozeß setzt sich solange fort, bis ein stabiles Atom entstanden ist. Die Gesamtheit aller an diesem Prozeß beteiligten Atome bildet die radioaktive *Zerfallsreihe.*

Es gibt drei natürliche radioaktive Reihen oder Familien: die *Uran-Radium-Reihe,* die *Thorium-* und die *Uran-Actiniumreihe.* In Abb. 35 läßt sich erkennen, daß Blei- mit der Kernladungszahl 82- an letzter Stelle jeder Reihe zu finden ist. In der ersten Reihe hat es eine Massenzahl von 206, in der zweiten von 207 und in der dritten von 208. Im Jahre 1913 nannte Soddy Atome eines Elements, die sich nur durch die Anzahl der Neutronen im Kern voneinander unterscheiden und die gleiche Kernladungszahl, aber eine unterschiedliche Massenzahl besitzen, Isotope (griech. isos = gleich und topos = Ort), da sie im Periodensystem an der gleichen Stelle stehen. Im Jahre 1919 entwickelte William Aston (1877-1945) den ersten Massenspektrographen (Abb. 36), mit dem das Konzept der Isotope bestätigt werden konnte. So konnte man z.B. nachweisen, daß die meisten Elemente aus verschiedenen Isotopen in unterschiedlichen prozentualen Anteilen zusammengesetzt sind. Alle Isotope mit einer Kernladungs- bzw. Ordnungszahl über 83 sind instabil und radioaktiv.

## KERNSTABILITÄT UND STRAHLUNG

Anfang dieses Jahrhunderts beobachteten die Physikochemiker Soddy und Fajans unabhängig voneinander, daß sich bei radioaktiven Elementen, die $\alpha$- oder $\beta$-Teilchen aussandten, die Massenzahlen bzw. Atommassen veränderten, was dazu führte, daß sich auch ihre Stellung im Periodensystem der Elemente veränderte. Diese Befunde führten zu der fundamentalen Erkenntnis, daß mit der Radioaktivität auch eine Umwandlung der Atome verbunden ist und daß Radioaktivität eine Eigenschaft des Atomkerns ist.

Wir wissen heute, daß radioaktive Strahlung ausschließlich aus dem Atomkern kommt. Radioaktive Atomkerne sind instabil und zerfallen. Es gibt ein optimales Verhältnis zwischen der Protonen- und Neutronenzahl, das zu einem stabilen Kern führt. Wenn in einem Atom die Neutronenzahl höher ist als die Protonenzahl, kann das Atom $\beta$-Teilchen aussenden, um die Zahl der Neutronen zu reduzieren und die der Protonen zu erhöhen. Besitzt ein Atom eine große Anzahl an Nukleonen, kann es $\alpha$-Teilchen aussenden, um diese Zahl zu verringern. Bei der Aussendung von radioaktiven Teilchen gruppieren sich die Nukleonen eines Kerns neu. Dabei wird eine elektromagnetische Strahlung frei- die $\gamma$-Strahlen.

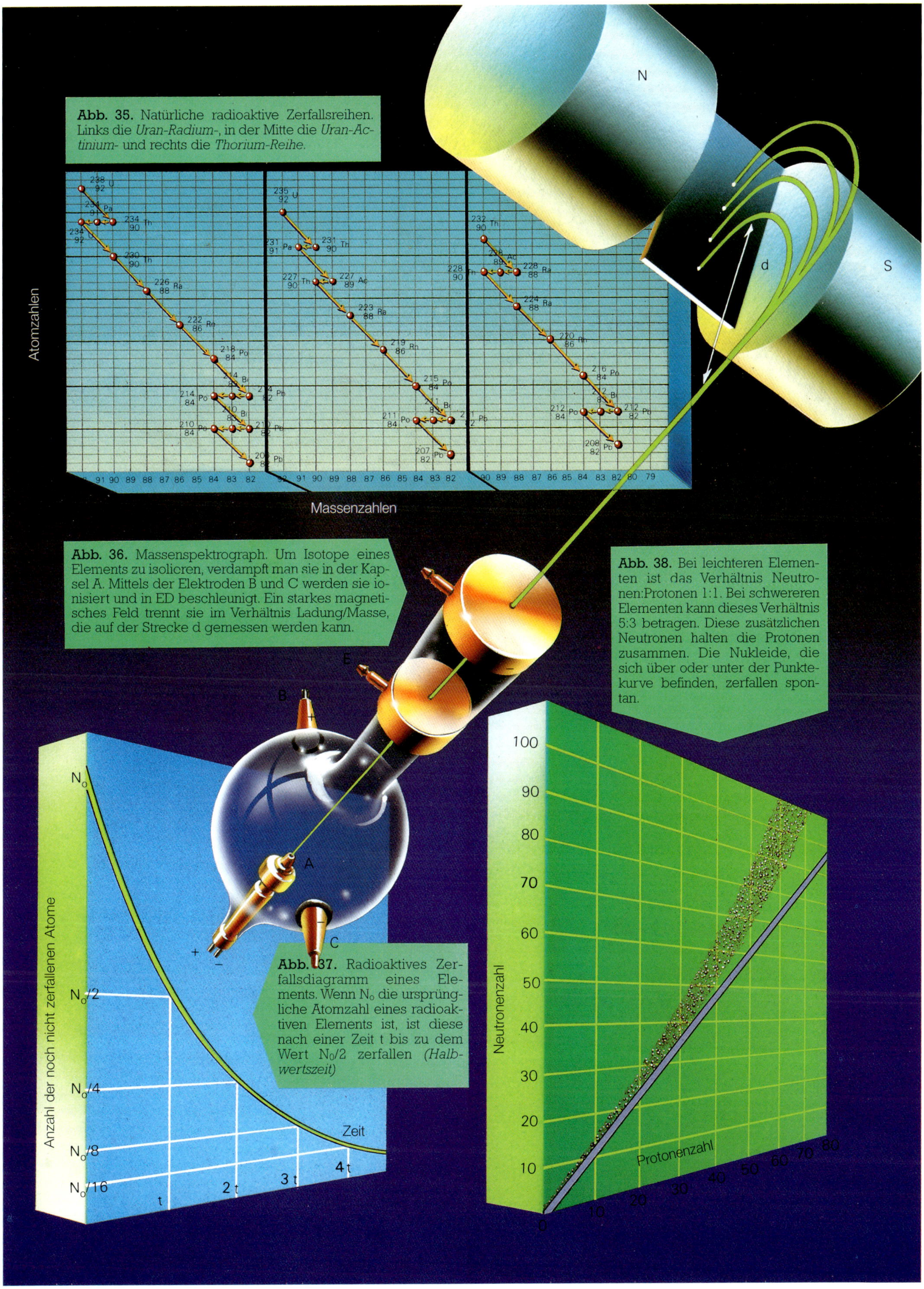


**Abb. 35.** Natürliche radioaktive Zerfallsreihen. Links die *Uran-Radium-*, in der Mitte die *Uran-Actinium-* und rechts die *Thorium-Reihe.*

**Abb. 36.** Massenspektrograph. Um Isotope eines Elements zu isolieren, verdampft man sie in der Kapsel A. Mittels der Elektroden B und C werden sie ionisiert und in ED beschleunigt. Ein starkes magnetisches Feld trennt sie im Verhältnis Ladung/Masse, die auf der Strecke d gemessen werden kann.

**Abb. 37.** Radioaktives Zerfallsdiagramm eines Elements. Wenn $N_0$ die ursprüngliche Atomzahl eines radioaktiven Elements ist, ist diese nach einer Zeit t bis zu dem Wert $N_0/2$ zerfallen *(Halbwertszeit)*

**Abb. 38.** Bei leichteren Elementen ist das Verhältnis Neutronen:Protonen 1:1. Bei schwereren Elementen kann dieses Verhältnis 5:3 betragen. Diese zusätzlichen Neutronen halten die Protonen zusammen. Die Nukleide, die sich über oder unter der Punktekurve befinden, zerfallen spontan.

# Erzwungene Kernreaktionen. Künstliche Radioaktivität

Im Jahre 1919 untersuchte Rutherford die Auswirkungen von α-Strahlen auf Gase (Abb. 40). Dabei entdeckte er bei der Bestrahlung von Stickstoff die Existenz eines Sauerstoffisotops und eines Protons. Mit Hilfe der Nebelkammer, die der schottische Meteorologe Charles Thomson Wilson (1869-1959) 1911 entworfen hatte, konnte das Experiment auch sichtbar gemacht werden (Abb. 41). Rutherford wurde damit die Ehre zuteil, der erste Mensch zu sein, der die Umwandlung eines Elements in ein anderes vornahm - der alte Traum der Alchemisten. Allerdings ist diese Reaktion nur von rein wissenschaftlichem Interesse, da es nur sehr wenige Teilchen gibt, die mit Stickstoffkernen in Wechselwirkung treten.

Die Reaktion läßt sich folgendermaßen beschreiben: ${}^{14}_{7}N + {}^{4}_{2}He \rightarrow {}^{17}_{8}O + {}^{1}_{1}H$. Die Hochzahlen geben die Massenzahl an, die tiefgestellten Zahlen die Atomzahlen. Im Jahre 1932 wies Chadwick, ein Mitarbeiter Rutherfords, das *Neutron* nach, als er Berylliumatome mit α-Teilchen beschoß: ${}^{9}_{4}Be + {}^{4}_{2}He \rightarrow {}^{12}_{6}C + {}^{1}_{0}n$.

## TEILCHENBESCHLEUNIGER

Moderne Geräte zur Erforschung des Atomaufbaus und zur Identifizierung weiterer subatomarer Teilchen sind die Teilchenbeschleuniger; sie beruhen im wesentlichen auf dem Versuchsansatz von Rutherford.

Um Atomkerne zu spalten und subatomare Teilchen freizubekommen, müssen die Atomkerne mit geladenen Teilchen hoher Energie beschossen werden. Damit die Teilchen diese Energien erreichen können, werden sie in den Teilchenbeschleunigern stark beschleunigt. Eine beachtliche Beschleunigung wird dadurch erreicht, daß man sie großen Potentialdifferenzen aussetzt.

Zwei Arten von Teilchenbeschleunigern sind bekannt: zur Erzeugung hoher Spannungen in langen Vakuumröhren und zur Erzeugung geringerer Spannungen, wobei die Energie in den Teilchen stetig wächst, bis das erforderliche Ausmaß erreicht ist. Zu der zweiten Art gehört das Zyklotron, das von dem amerikanischen Physiker Ernest Orlando Lawrence (1901-1958) erfunden wurde. Dieses Gerät dient der Beschleunigung von Protonen durch ein elektrisches und ein magnetisches Feld. Die positiven Teilchen umlaufen eine spiralförmige Bahn, wobei sie beim Verlassen eine hohe kinetische Energie erlangen (Abb. 44). Heute gibt es verschiedene Arten von Teilchenbeschleunigern mit größerer Wirkung: Synchrotrone, Betatrone, Kosmotrone, Synchrofasotrone (die modernsten) etc.

## KÜNSTLICHE RADIOAKTIVITÄT

Im Jahre 1934 bewiesen Fréderic Joliot-Curie (1900-1958) und seine Frau Iréne Joliot-Curie (1897-1956), älteste Tochter von Pierre und Marie Curie (S. 20), daß bei Beschuß einer Aluminiumfolie mit α-Teilchen radioaktiver Phosphor entstand: ${}^{27}_{13}Al + {}^{4}_{2}He \rightarrow {}^{30}_{15}P + {}^{1}_{0}n$. Der radioaktive Phosphor zerfiel spontan und setzte ein Positron frei, ein Teilchen mit der gleichen Masse und Ladung wie das Elektron, aber mit entgegengesetztem Vorzeichen: ${}^{30}_{15}P \rightarrow {}^{30}_{4}Si + {}^{0}_{+1}e$. Man glaubt, daß ein Proton in ein im Kern verbleibendes Neutron und in ein Positron umgewandelt wird, das als Strahlung freigesetzt wird, d.h. ${}^{1}_{1}H \rightarrow {}^{1}_{0}n + {}^{0}_{+1}e$. Heute kann man praktisch von jedem Element künstliche radioaktive Isotope herstellen.

## KERNENERGIE

Wird die Masse eines Kerns berechnet, indem man die Masse der Protonen und Neutronen summiert, so erhält man einen höheren Wert als im Experiment. Diese Differenz nennt man *Massendefekt* des Kerns. Diesem Massendefekt entspricht eine Energiemenge, die sich aus der Gleichung Einsteins herleiten läßt, $E = m \cdot c^2$. Diese Energie wird bei Bildung des Kerns freigesetzt und heißt *Kernbindungsenergie* (Abb. 39). Der Kern eines Elements ist um so stabiler, je größer seine Kernbindungsenergie ist oder, was ebenso möglich ist, je höher der Massendefekt. Allein um die Nukleonen voneinander zu trennen, müßte dieselbe Energiemenge aufgebracht werden, die auch für ihre Bindung notwendig war. Die Bindungsenergie eines Kerns dividiert durch die Anzahl der Nukleonen im Kern heißt *Nukleonbindungsenergie*.

Massenverlust durch Kernbindungsenergie

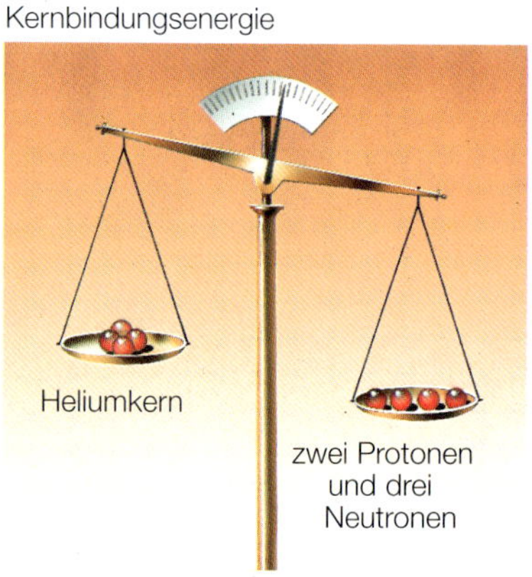


**Abb. 39.** Anschauliches Modell für den Unterschied zwischen Kernmasse und Masse der isolierten Nukleonen. Die Masse der nicht miteinander verbundenen Protonen und Neutronen ist immer größer als die des Kerns, der sich aus diesen Teilchen zusammensetzt. Der Massendefekt wurde in Kernbindungsenergie umgewandelt.

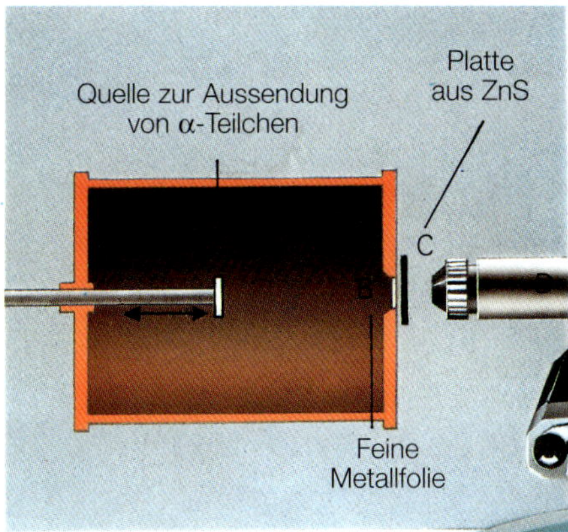


▲ **Abb.40.** Versuchsaufbau von Rutherford zur Untersuchung der Wirkungsweise von α-Teilchen. Ist der Abstand zwischen A und B gering, erzeugen α-Teilchen in C ein Flimmern, das mit dem Mikroskop D beobachtet werden kann. Bei einem Abstand von 7 cm können die Teilchen nicht mehr wahrgenommen werden, da sie vom Gas in der Metallfolie absorbiert werden. Falls N2 als Gas verwendet wird, ist das Flimmern noch bei ca. 40 cm Abstand sichtbar. Das Flimmern entsteht durch Protonen.

**Abb. 41.** Umwandlung eines Stickstoffatoms in der Wilson-Kammer. Die weißen Linien stellen die geradlinigen Bahnen der α-Strahlen dar. Die Ablenkung einiger Linien an ihrem Ende läßt auf einen elastischen Zusammenstoß eines α-Teilchens mit einem Kern irgendeines vorhandenen Gasatoms schließen. Blau ist die Bahn eines Teilchens gekennzeichnet, dem es gelang, den Stickstoffkern zu durchdringen und dabei ein Proton (rote Bahn) und ein Sauerstoffatom (grün) hervorzubringen.

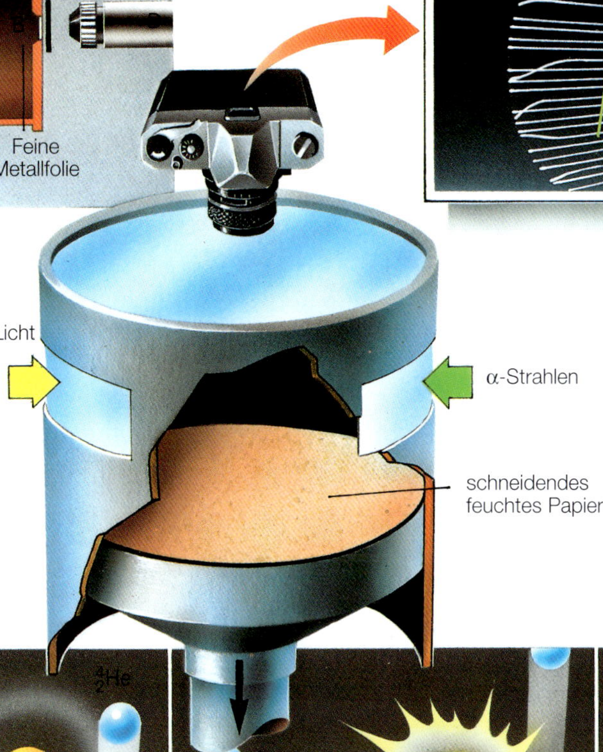


◀ **Abb. 42.** In einem Zylinder ist eine bestimmte Menge an gesättigtem Wasserdampf eingeschlossen. Bei vorherigem Dehnen des Wasserdampfs verschwinden die feinen Wassertröpfchen, die sich gebildet haben können. Bewegt man den Kolben schnell nach unten, kommt es zu einer Abkühlung, die zu einer starken Sättigung führt. Bei Anwesenheit einer radioaktiven Substanz führen die ausgesendeten Teilchen zu einer Kondensation des Dampfes und machen ihre Bahn sichtbar (Abb. 41).

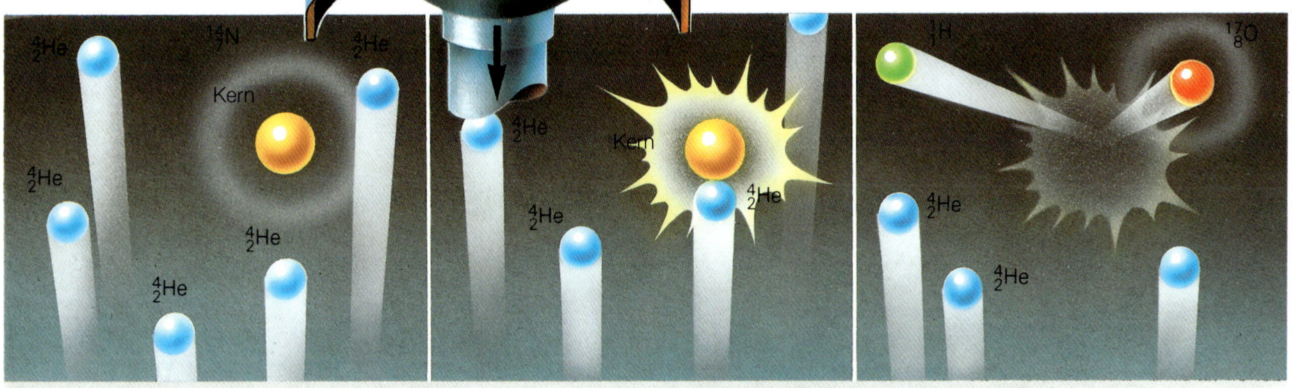


**Abb. 43.** Sichtbarmachung der künstlichen Umwandlung von Rutherford, beschrieben in Abb. 41.

**Abb. 44.** Schema eines Zyklotrons: In einen Behälter mit absolutem Vakuum wird ein zylindrischer Metallkasten eingebracht, dessen Durchmesser seine Höhe weit übersteigt und der diametral in zwei Hälften geteilt ist, die aufgrund ihrer Form D genannt werden und die Elektroden bilden. Dabei wird an die Elektroden eine Wechselspannung mit einer Taktfrequenz von mehreren Millionen Hertz angelegt. Ein Gasstrom gelangt in das Zentrum des Geräts, wo er mittels eines glühenden Drahtes in positive Ionen und Elektronen umgewandelt wird. Die positiven Ionen wenden sich dem negativen D zu. Aufgrund des Einflusses des äußeren Magnetfeldes, beschreiben sie eine halbkreisförmige Bahn. Beim Durchdringen der Schnittfläche beider Hälften ändert sich die Spannung in ein entgegengesetztes Vorzeichen. Die Ionen werden beschleunigt und dringen mit höherer Geschwindigkeit in das andere D ein, wo sie in der gleichen Zeit eine weitere kreisförmige Bahn mit größerem Radius beschreiben. Bei Wiederholung des Prozesses werden beim Übergang außerordentlich hohe Geschwindigkeiten erreicht.

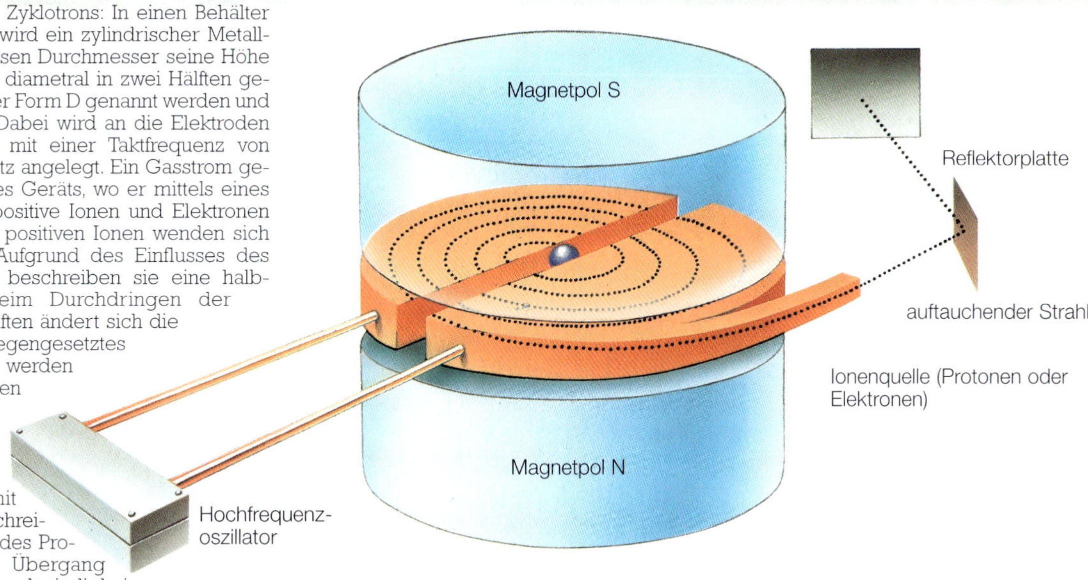

# Kernfission und Kernfusion

Der italienisch-amerikanische Physiker Enrico Fermi (1901-1954) widmete sich dem Neutron, welches, da es nicht elektrisch geladen ist und daher vom Atomkern nicht abgestoßen werden kann (wie es bei den $\alpha$-Teilchen und den Protonen der Fall ist), als Beschußmaterial für den Atomkern verwendet werden konnte. Er entdeckte, daß die langsamsten Neutronen, d.h. die Neutronen mit der geringsten Energie, den Kern am ehesten durchdrangen. Aus diesem Grund ließ er sie mit Hilfe der Kernreaktion von Chadwick (S. 26) mit Wasser oder Paraffin in Berührung kommen. Dies bewirkte elastische Zusammenstöße mit den Atomen dieser Substanzen und brachte die Neutronen auf die normale Geschwindigkeit der Moleküle bei Umgebungstemperatur. Diese Neutronen, sogenannte *thermische Neutronen,* haben dann den Vorteil, sich einen Bruchteil länger in der Nähe eines bestimmten Kerns zu befinden als schnelle Neutronen und so leichter von ihm absorbiert zu werden.

Fermi ging davon aus, daß sich nach dem Eindringen eines Neutrons in den Atomkern eine nukleare Instabilität ergeben müßte. Dies würde zur Aussendung von ß-Teilchen führen, so daß man ein Atom mit einer größeren Atomzahl erhielt (S. 24). Im Jahre 1934 beschoß er Uran Atomzahl 92 - mit langsamen Neutronen, um so ein Transuranelement mit der Atomzahl 93 zu erhalten. Das Ergebnis war verwirrend, aber er glaubte, ein neues Element mit dem Namen *Uran X* gefunden zu haben. Später bewies der amerikanische Physiker Edwin Matison McMillan, daß beim Beschuß des Uran-Isotops 238 mit schnellen Neutronen ebenfalls ein Element mit der Atomzahl 93 entstanden war, das er *Neptunium* nannte.

## KERNFISSION

Im Jahre 1938 erzeugte der deutsche Chemophysiker Otto Hahn beim Beschuß eines Uranmodells mit thermischen Neutronen radioaktives Barium. Da ein Bariumatom jedoch viel leichter ist als das Uranatom, kam man zu dem Schluß, daß sich das Uranatom in der Mitte geteilt, sich also gespalten hatte. Es handelte sich dabei um etwas so Unglaubliches, daß er es nur wagte, eine langjährige Kollegin, Lise Meitner, einzuweihen, die ihrerseits die Entdeckung an ihren Neffen, den Physiker Otto Frisch, weitergab. Er wiederholte das Experiment von Hahn und konnte beweisen, daß die entstandenen Bariumatome große Geschwindigkeiten aufwiesen, was auf freiwerdende Energie schließen ließ. Meitner veröffentlichte 1939 die Vorstellung von der Kernfission, die bei den Wissenschaftlern der Epoche auf großes Interesse stieß.

Der dänische Physiker Niels Henrick David Bohr (1885-1962) vermutete, daß das Isotop des Urans 235 für die Spaltung verantwortlich war. Diese Vermutung konnte schnell belegt werden. Der ungarische Physiker amerikanischer Nationalität Leo Szilard zeigte, daß bei jeder Spaltung des Uranatoms zwei oder drei Neutronen frei wurden, was die Möglichkeit einer nuklearen Kettenreaktion (Abb. 46) und folglich die Freiwerdung enormer Energiemengen implizierte. Mit diesen Kenntnissen war es möglich, die verheerendste Waffe in der Geschichte der Menschheit herzustellen, die Atombombe (A), (Abb. 48).

Die Befürchtung, daß Deutschland unter Hitler das erste Land sein könnte, das eine solche Bombe entwickelt, brachte die USA dazu, in geheimer Mission drei Atombomben zu entwickeln (sog. Manhattan Plan). Die erste war ein Experiment und explodierte am 16.Juli 1945 in Alamogordo, New Mexico. Die beiden anderen explodierten am 6. und 9. des folgenden Monats über den japanischen Städten Hiroschima und Nagasaki.

Bei der Spaltung bringt der Atomkern von Uran noch zwei andere radioaktive Isotope hervor, die jedoch nicht immer gleich sind. Sie lassen sich beispielsweise bei der Spaltung des Urans-235 durch die Reaktion $^{235}_{92}U + ^{1}_{0}n \rightarrow ^{141}_{56}Ba + ^{92}_{36}Kr + 3\,^{1}_{0}n$ + Energie beschreiben. An die Stelle von Barium (Ba) und Krypton (Kr) können Cäsium, Jod, Xenon, Radon etc. treten. Ein anderes spaltbares Isotop, das Kettenreaktionen auslöst, ist das *Plutonium-239.*

## KERNFUSION

Sie ist das umgekehrte Phänomen zur Spaltung. Bei der Kernfusion werden leichte Kerne verschmolzen, um so schwerere Kerne zu erhalten, z. B. $^{2}_{1}H + ^{3}_{1}H \rightarrow ^{4}_{2}He + ^{1}_{0}n$ + Energie. Die Kerne können sich nur dann nähern, um zu verschmelzen, wenn sie genügend Energie aufbringen, um die nuklearen elektrostatischen Abstoßungskräfte zu überwinden. Der Kern der Sonne hat eine Temperatur von etwa 15 Millionen° C. Unter diesen Bedingungen können die Atomelektronen der nuklearen Anziehungskraft entkommen. Sie bilden eine neutrale Mischung aus nuklearen Ionen und Elektronen, dem sogenannten *Plasma.* Im Innern des dichten und warmen Plasmas haben die Kerne genügend Energie, um aufeinanderzutreffen und zu verschmelzen (Abb. 47).

Reaktionen, die bei Temperaturen von über einer Million° C stattfinden, werden thermonuklear genannt. Es ist möglich, bei einer Atombombe, die als Funke dient, eine thermonukleare Reaktion auszulösen und eine Kernfusion herbeizuführen. Das ist der Fall bei der Wasserstoffbombe (H), die hauptsächlich aus einer mit Wasserstoff-2 (Deuterium) und Lithium-6 umhüllten Atombombe besteht. Die stattfindenden Reaktionen sind: $^{6}_{3}Li + ^{1}_{0}n \rightarrow ^{4}_{2}He + ^{3}_{1}H$ +Energie, und $^{2}_{1}H + ^{3}_{1}H \rightarrow ^{4}_{2}He + ^{1}_{0}n$ + Energie. Die durch eine Kernfusion freigesetzte Energiemenge ist geringer als bei der Kernspaltung, obwohl der Wirkungsgrad der Reaktion im ersten Fall viel größer ist als im zweiten.

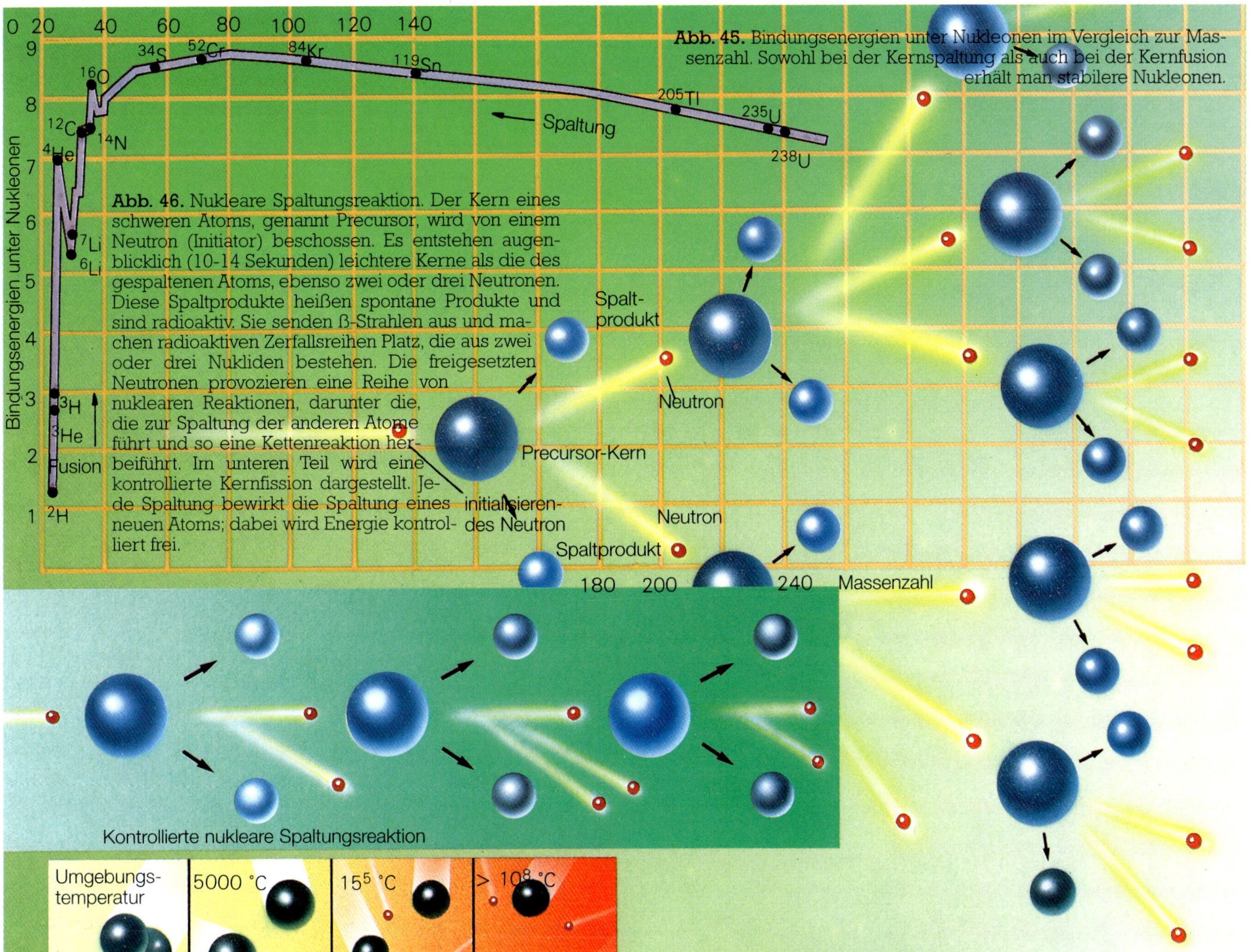


**Abb. 45.** Bindungsenergien unter Nukleonen im Vergleich zur Massenzahl. Sowohl bei der Kernspaltung als auch bei der Kernfusion erhält man stabilere Nukleonen.

**Abb. 46.** Nukleare Spaltungsreaktion. Der Kern eines schweren Atoms, genannt Precursor, wird von einem Neutron (Initiator) beschossen. Es entstehen augenblicklich (10-14 Sekunden) leichtere Kerne als die des gespaltenen Atoms, ebenso zwei oder drei Neutronen. Diese Spaltprodukte heißen spontane Produkte und sind radioaktiv. Sie senden ß-Strahlen aus und machen radioaktiven Zerfallsreihen Platz, die aus zwei oder drei Nukliden bestehen. Die freigesetzten Neutronen provozieren eine Reihe von nuklearen Reaktionen, darunter die, die zur Spaltung der anderen Atome führt und so eine Kettenreaktion herbeiführt. Im unteren Teil wird eine kontrollierte Kernfission dargestellt. Jede Spaltung bewirkt die Spaltung eines neuen Atoms; dabei wird Energie kontrolliert frei.

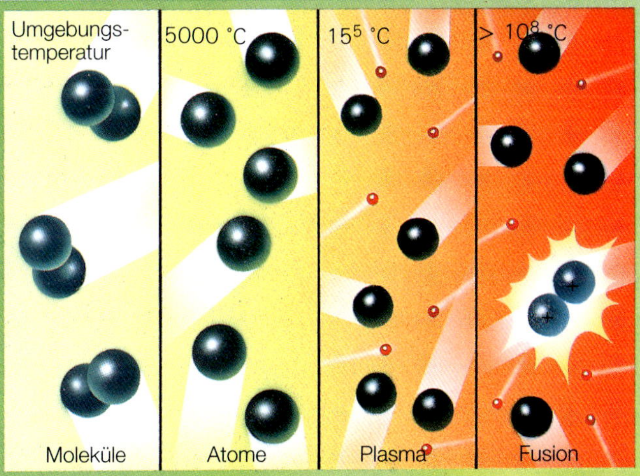


**Abb. 47.** Reaktion einer thermonuklearen Fusion. Sie findet unter sehr hohen Temperaturen statt. Sie besteht aus der Fusion leichterer Kerne, um so schwere Kerne zu erhalten und setzt große Mengen an Energie frei.

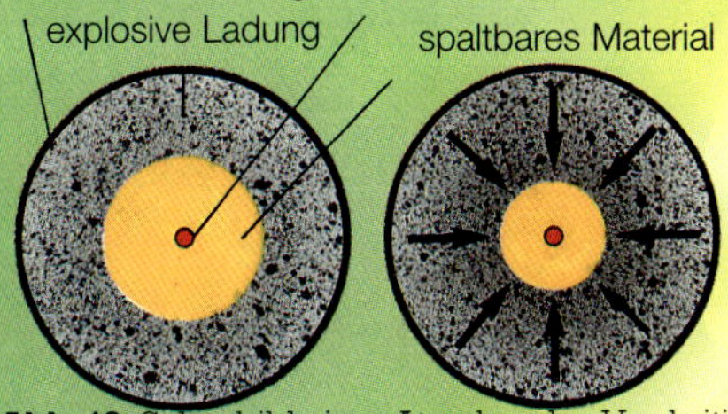


**Abb. 48.** Schaubild einer Atombombe. Von kritischer Masse bei einem spaltbaren Material spricht man bei der Mindestmasse, die von diesem Material notwendig ist, um eine sich selbst aufrechterhaltende Kettenreaktion herbeizuführen. In dem Schaubild kommt es zu einer konventionellen Explosion, um die kritische Masse zu überwinden.

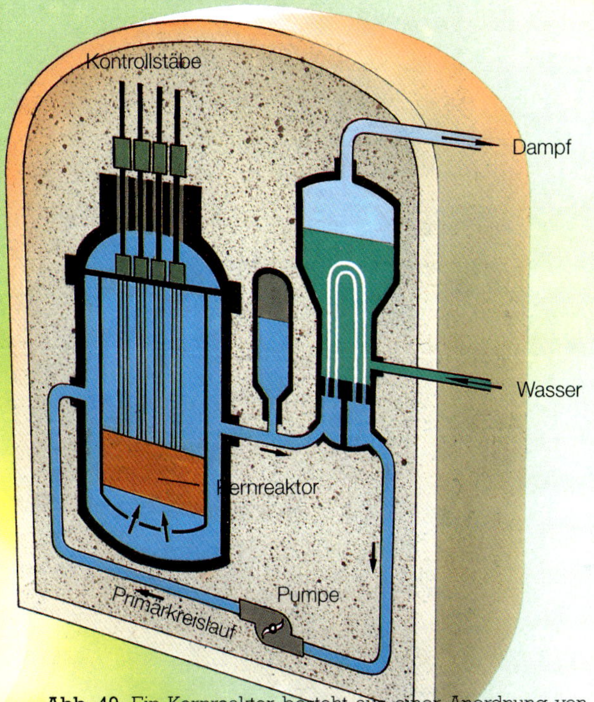


**Abb. 49.** Ein Kernreaktor besteht aus einer Anordnung von nuklearen Brennstäben und Stäben aus nichtumwandelbarem Material, einem Moderator, der die Neutronen bremst, um thermische Neutronen zu erhalten. Um die Geschwindigkeit der Reaktion unter Kontrolle zu halten, werden Stäbe aus einem Material verwendet, das sich bei der Absorption von Neutronen leicht umwandeln läßt. Mit der freiwerdenden Energie wird Elektrizität gewonnen.

# Atomspektrum

Im Jahre 1666 beobachtete Isaac Newton (1642-1727), daß ein weißer Lichtstrahl, der durch ein optisches Prisma fällt, eine Reihe von aufeinanderfolgenden kontinuierlichen Farben hervorbringt, die folgendermaßen angeordnet sind: *rot, orange, gelb, grün, blau, indigo, violett.* Er bewies, daß weißes Licht nichts anderes ist als eine Kombination dieser Farben (Abb. 50). Die Gesamtheit dieser Lichtstrahlen auf einem Schirm oder einer Photoplatte wird *Spektrum* genannt.

Im Jahre 1800 entdeckte der deutsch-englische Astronom William Herschel (1792-1871), daß ein Thermometer sich erhitzte, wenn man es in den dunkelsten Bereich des Spektrums, noch hinter den roten Farbbereich, hielt. Diese Wirkung ist der Existenz einer unsichtbaren Strahlung zuzuschreiben, die man Infrarotstrahlung nennt. Im Jahre 1801 beobachteten William Hyde Wollaston (1766-1828) und Johann Wilhelm Ritter (1776-1810), daß sich Silberchlorid im unsichtbaren Spektralbereich, weit entfernt von dem violetten Streifen, rasch schwarz verfärbt. So wurde das unsichtbare *ultraviolette* Licht entdeckt.

Im Jahre 1914 perfektionierte der Deutsche Joseph von Fraunhofer (1787-1826), Sohn eines Glasers, die Technik bei der Herstellung von Beugungsprismen und entdeckte dabei, daß das Sonnenspektrum von zahlreichen dunklen Linien (Fraunhofer Linien) durchsetzt war, deren Ursprung er nicht kannte (Abb. 53). 1821 bewies Fraunhofer, daß durch Brechung des Lichts an einer dünnen Metallscheibe das Spektrum des weißen Lichts ebenso gewonnen werden kann wie durch Brechung an einem optischen Prisma. Darauf beruht die Erfindung von sogenannten *Beugungsgittern*; heute lassen sich Beugungsgitter herstellen, die eine Reihe von sehr feinen, dicht beieinanderliegenden parallelen Rillen (ca. 10 000 pro Zentimeter) auf eine Glas- oder Metallplatte projizieren.

1860 erfanden Robert Wilhelm von Bunsen und sein Mitarbeiter Gustav Robert Kirchhoff (1824-1887) ein Gerät zur Untersuchung der Spektren glühender Substanzen, das *Spektroskop* (Abb. 51). Sie entdeckten, daß bei Verbrennen eines Elements mit dem Bunsenbrenner (ein ebenfalls von Bunsen erfundener Laborbrenner) leuchtende und farbige Linien im sichtbaren Spektrum auftauchten. Spektren, die von glühenden Substanzen ausgesendet werden, werden *Emissionsspektren* genannt. Feste Stoffe oder Flüssigkeiten besitzen *kontinuierliche Spektren.* Diese enthalten Licht in allen Wellenlängen, die *kontinuierlich* ineinander übergehen und (im sichtbaren Bereich) ein regenbogenartiges Muster bilden. *Diskontinuierliche* Spektren dagegen bestehen nur aus Linien oder Banden und finden sich bei Gasen. Die Emissionsspektren von Gasen lassen sich gut mit der *Geisslerschen Röhre* untersuchen (Abb. 57).

Kirchhoff fand heraus, daß jedes Element sein spezielles Emissionsspektrum besitzt, als ob es sich um einen Fingerabdruck handelte, was ihn zur Entdeckung von zwei neuen Elementen, *Cäsium* und *Rubidium,* führte.

Außerdem beobachtete Kirchhoff mit Hilfe des Spektroskops, daß sich die zwei gelben Linien des Emissionsspektrums von Natrium an der gleichen Stelle befanden wie die dunklen Fraunhofer-Linien des Sonnenspektrums. Mit dem Ziel nachzuweisen, daß die dunklen Linien durch die leuchtenden Natriumlinien neutralisiert werden, ließ er vom Natrium ausgesandtes Licht sowie Sonnenlicht durch einen Spalt fallen. Überrascht stellte er fest, daß die dunklen Linien noch dunkler geworden waren, sich also verstärkt hatten. Daraus schloß er, daß es im Sonnenlicht ebenfalls Natriumlinien geben müßte, was tatsächlich der Fall ist. Spektralanalysen des Lichts erlauben es also, Rückschlüsse auf die Zusammensetzung der Sonnenatmosphäre zu ziehen. Man nennt Spektren, die infolge Absorption des Lichts durch Materie der Umgebung entstehen, Absorptionsspektren. Im Falle des Kirchhoffschen Experiments bedeutet dies, daß das Sonnenlicht auf seinem Weg zur Erde Natriumdampf passiert.

### RÖNTGENSPEKTRUM

Im Jahre 1912, als Max Theodor Felix von Laue (1879-1960) ein Beugungsspektrum von Röntgenstrahlen mit Hilfe eines sehr schmalen Zinksulfidkristalls als Beugungsgitter erhielt, konnte bewiesen werden, daß Röntgenstrahlen elektromagnetische Strahlen mit sehr kurzer Wellenlänge sind.

Der englisch-australische Physiker William Laurence Bragg erhielt nach Untersuchung der Brechung von reflektierten Röntgenstrahlen auf der *Oberfläche* eines Kristalls kontinuierliche Spektren mit charakteristischen Streifen. Diese sind in ähnlichen Reihen in allen Substanzen zu beobachten. Er gab ihnen die Bezeichnung *K, L, M, N* etc. nach zunehmender Wellenlänge. Im Jahr 1913 zeigte Henry Gwyn-Jeffreys Moseley (1887-1915), daß die Frequenz der Primärstrahlung, die jede Reihe eines Elements ausstrahlt, seiner *Atomzahl* proportional ist. Diese Entdeckung ermöglichte die Bestimmung der Atomzahlen und ließ die Existenz eines Neutrons vermuten.

**Abb. 50.** Experiment von Newton. Das erste optische Prisma spaltet das Licht in die sieben Regenbogenfarben. Das zweite faßt sie zusammen, um daraus wieder das ursprüngliche weiße Licht herzustellen.

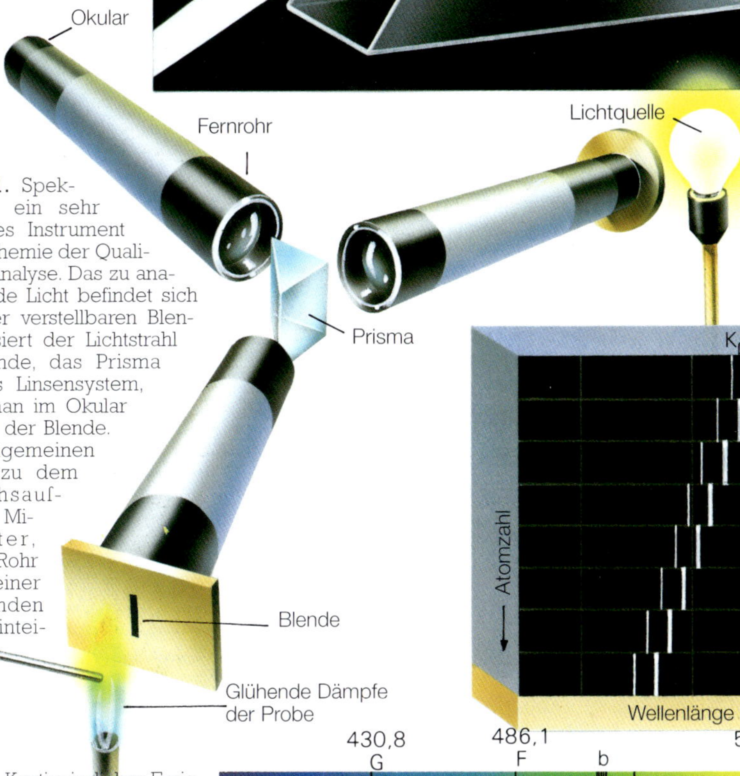


**Abb. 51.** Spektroskop, ein sehr nützliches Instrument in der Chemie der Qualitativen Analyse. Das zu analysierende Licht befindet sich vor einer verstellbaren Blende. Passiert der Lichtstrahl die Blende, das Prisma und das Linsensystem, erhält man im Okular das Bild der Blende. Im allgemeinen gehört zu dem Versuchsaufbau ein Mikrometer, d.h. ein Rohr mit einer leuchtenden Skaleneinteilung.

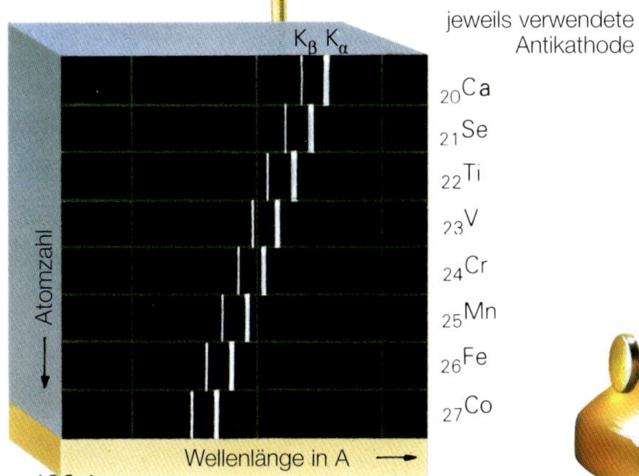


**Abb. 52.** Röntgenspektren nach der Methode von Bragg. In der Abbildung wird die Reihe K durch verschiedene Elemente dargestellt. Sie besteht aus zwei Linien $K_\alpha$ und $K_\beta$.

**Abb. 53.** Bunsenbrenner. Um eine Verfärbung der Flamme zu erreichen, hält man einen vorher mit konzentrierter Salzsäure imprägnierten Platindraht hinein. Rubidium erzeugt eine rote Verfärbung, Cäsium eine blaue, Natrium eine gelbe etc.

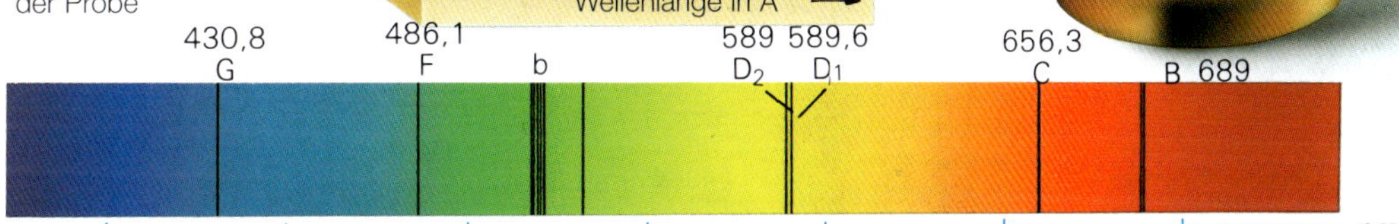


**Abb. 54.** Kontinuierliches Emissionsspektrum des weißen Lichts. Man kann die sieben Farben des Regenbogens sowie die dunklen Linien von Fraunhofer erkennen.

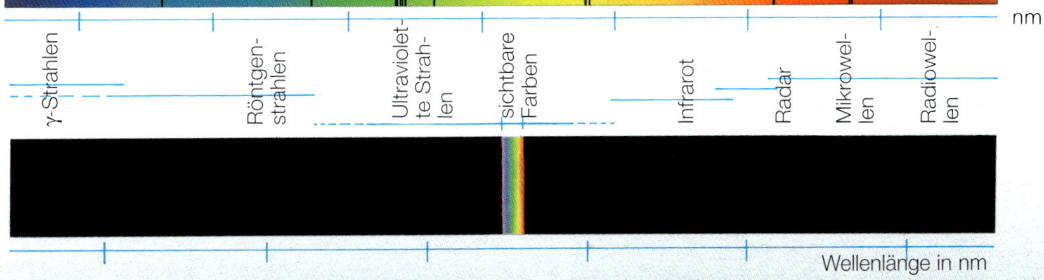


**Abb. 55.** Es muß betont werden, daß es keine unentdeckten Zonen gibt und daß das geringe Wellenlängenintervall im sichtbaren Farbspektrum liegt.

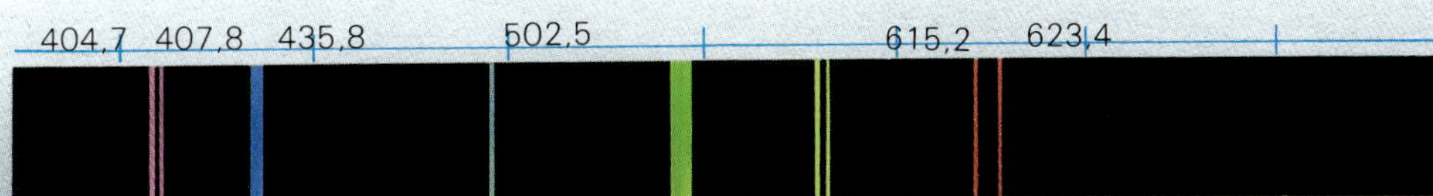


**Abb. 56.** Diskontinuierliches Emissionsspektrum von Quecksilber. Die erscheinenden Linien sind für dieses Element so charakteristisch wie ein »Fingerabdruck«.

**Abb. 57.** Geisslersche Röhre. Enthält das Gas, dessen Spektrum sich bei einem Druck von ca. 1 Torr untersuchen läßt. In dem Röhrenbereich mit kapillarem Druckmesser entsteht eine solch intensive Helligkeit, daß das Spektrum im Spektroskop betrachtet werden kann.

# Exkurs: Strahlung des schwarzen Körpers. Photoelektrischer Effekt und Compton-Effekt

Kirchhoff nannte einen Körper, der Strahlen aller Wellenlängen absorbiert und emittiert, den *schwarzen Körper*. In Wirklichkeit gibt es ihn nicht. Selbst wenn wir Ruß betrachten, der Strahlen des sichtbaren Spektrums fast vollständig absorbiert, reflektiert er einen großen Teil der auf ihn treffenden Strahlen.

Experimentell läßt sich ein schwarzer Körper herstellen, indem man einen Hohlraum mit schwarzen Innenwänden mit einer kleinen Öffnung versieht (Abb. 59). *Die Oberfläche der Öffnung* ist der wahre *schwarze Körper*, denn alle Strahlen, die durch sie dringen, bleiben darin, nachdem sie im Innern einige Male gebrochen wurden.

Die Strahlen, die an einem schwarzen Körper beispielsweise durch ein Fluoritprisma gestreut werden, sind ein Maß für das kontinuierliche Spektrum. Die Verteilung der Strahlungsenergie wird in Abb. 60 dargestellt. Auf der Ordinatenachse befinden sich die emittierten Energien pro Oberflächeneinheit und pro Zeiteinheit und auf der Abszisse die Wellenlängen. Die klassische Physik ging davon aus, daß die Strahlungsenergie im gleichen Maße ansteigen müßte wie die Frequenz. Die experimentellen Ergebnisse hingegen widersprachen dieser Theorie: Für größere Wellenlängen trafen diese Voraussagen der klassischen Physik zu, nicht aber für kleine Wellenlängen. Da man nicht imstande war, dieses Paradoxon zu erklären, nannte man es die *ultraviolette* Katastrophe.

Im Jahre 1900 stellte Max Planck (1858-1947) in einer Arbeit, die er der Deutschen Gesellschaft für Physik in Berlin vorstellte, die kühne Hypothese auf, daß die Energie der elektromagnetischen Strahlungen darauf zurückzuführen ist, daß die Atome oder Atomgruppen sich wie Schwingungserzeuger oder Oszillatoren verhalten. Jedes Atom schwingt mit einer bestimmten Frequenz $\nu$, so daß die von ihm absorbierte oder abgegebene Energie proportional zu dieser Frequenz ist. Die Emission oder Absorption von Energie ist nicht kontinuierlich, sondern kann durch Energiepakete oder Energiequanten, deren Wert $E=h\nu$ ist, beschrieben werden. Das *Plancksche Wirkungsquantum h* wird auch Plancksche Konstante genannt und entspricht einem Wert von $6{,}62662 \cdot 10^{-34}$ Joules x sec. Die Energie eines oszillierenden Atoms kann nur vielfache Werte eines Quantums annehmen: O, $h\nu$, $2h\nu$, $3h\nu$, $4h\nu$, etc. Laut Planck ist die Wahrscheinlichkeit, Oszillatoren mit hohen Frequenzen zu finden eher klein, allein schon die Möglichkeit, Atome mit überdurchschnittlich hoher Schwingungsenergie zu finden, ist selten. Mit dieser Hypothese konnte ein mathematischer Ausdruck abgeleitet werden, der exakt den experimentell nachgewiesenen Kurven entsprach. Das war die Geburtsstunde der *Quantenmechanik*.

### PHOTOELEKTRISCHER EFFEKT

Im Jahre 1887 entdeckte Heinrich Rudolf Hertz (1857-1894) das Phänomen des *photoelektrischen Effekts*. Wird eine Metallplatte mit Licht bestrahlt, kann es zur Freisetzung von Elektronen kommen. Jedes Metall benötigt eine Mindestlichtfrequenz, unter der es nicht möglich ist, Elektronen freizusetzen. Bei gewissen Metallen ist ein intensiver roter Lichtstrahl nicht in der Lage, Elektronen freizusetzen, während ein schwaches blaues Licht Auslöser dafür sein kann. Dieses Phänomen war für die klassische Physik nicht zu erklären, denn nach dem damaligen Kenntnisstand mußte die Energie des ausgesendeten Elektrons von der auftreffenden Lichtintensität abhängen und nicht von seiner Frequenz.

Aber im Jahre 1905 behauptete Einstein in Anlehnung an Plancks Theorie, daß Licht aus einigen kleinen Energiebündeln oder *Photonen* besteht und jedes einzelne von ihnen die Energie $h\nu$ besitzt. Der photoelektrische Effekt war darauf zurückzuführen, daß das Photon keine Energie mehr auf das Elektron des Metalls übertrug (Abb. 61). Die Energie, die das Elektron aufbrachte, war ausreichend, um sich loszureißen. Daraus folgte, daß eine Erhöhung der Lichtfrequenz auch eine Erhöhung der Energie der Photonen bedeutete, was bewirkte, daß die Elektronen dem Metall leichter entrissen werden konnten.

### COMPTON-EFFEKT

Der amerikanische Physiker Holly Compton (1892-1962) entdeckte 1923, daß, wenn z.B. Röntgenstrahlen auf bestimmte Körper mit vielen freien Elektronen treffen (z.B. Graphit), die Energie der Photonen in der Strahlung teilweise umgekehrt wird (wenn ein Elektron entrissen wird). Im allgemeinen wird ein Photon mit größerer Wellenlänge und weniger Energie ausgesendet (Abb. 62). Die mathematische Komponente bei diesem Phänomen zeigt einmal mehr den Teilchencharakter der elektromagnetischen Strahlen und ermöglicht es, die Masse des sich bewegenden Photons zu errechnen.

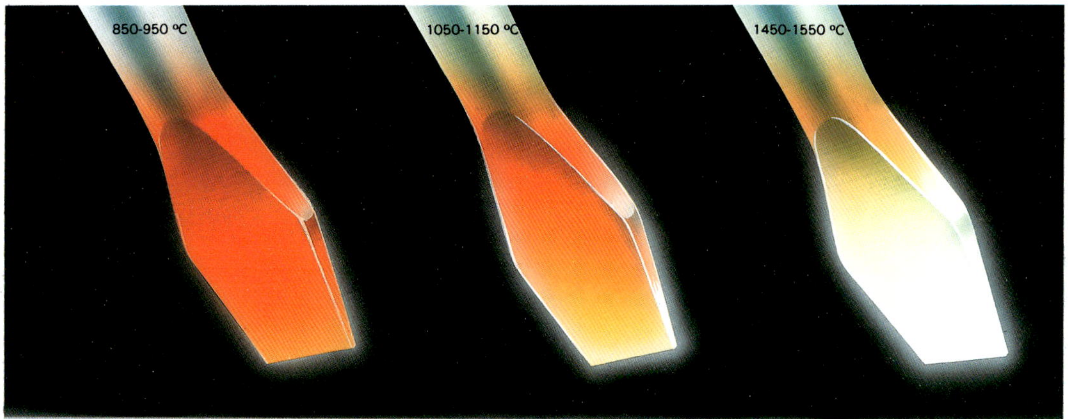


**Abb. 58.** Die thermische Strahlung eines Körpers hängt von der Temperatur des Körpers ab. Der gesamte Körper sendet elektromagnetische Strahlen an die Umgebung aus und absorbiert teilweise Strahlen der ihn umgebenden Körper. Es stellt sich ein dynamisches Strahlungsgleichgewicht ein (absorbiert - ausgesendet). Im allgemeinen nehmen wir die Strahlungsenergie eines Körpers bei Umgebungstemperatur nicht wahr, wenn sie mit unsichtbarer Wellenlänge, d.h. mit Wellenlänge, die über der des roten Lichts liegt, ausgesendet wurde. Ist die Temperatur hoch, läßt sich die Strahlung in Form von sichtbarem Licht beobachten, wie auf der Abbildung erkennbar.

**Abb. 59.** Vorstellung vom schwarzen Körper. Die Öffnung, die in einen Hohlraum mit elektromagnetische Strahlung absorbierenden Innenwänden eingebracht wurde, stellt den schwarzen Körper dar. Durch ihn dringen Strahlen aller Wellenlänge ein und können nur schwer wieder entweichen.

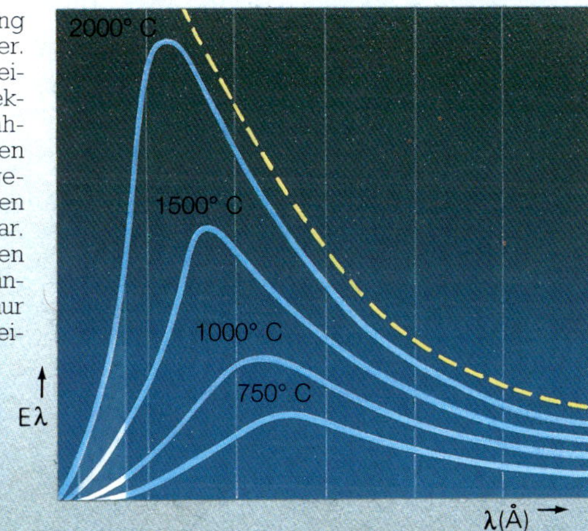


**Abb. 60.** Verteilungskurve der Strahlungsenergie (nach Wellenlänge), die vom schwarzen Körper bei verschiedenen Temperaturen ausgesendet wird. Mit Hilfe der gestrichelten Linie, die die klassische Verteilung anzeigt, wird die ultraviolette Katastrophe deutlich herausgehoben.

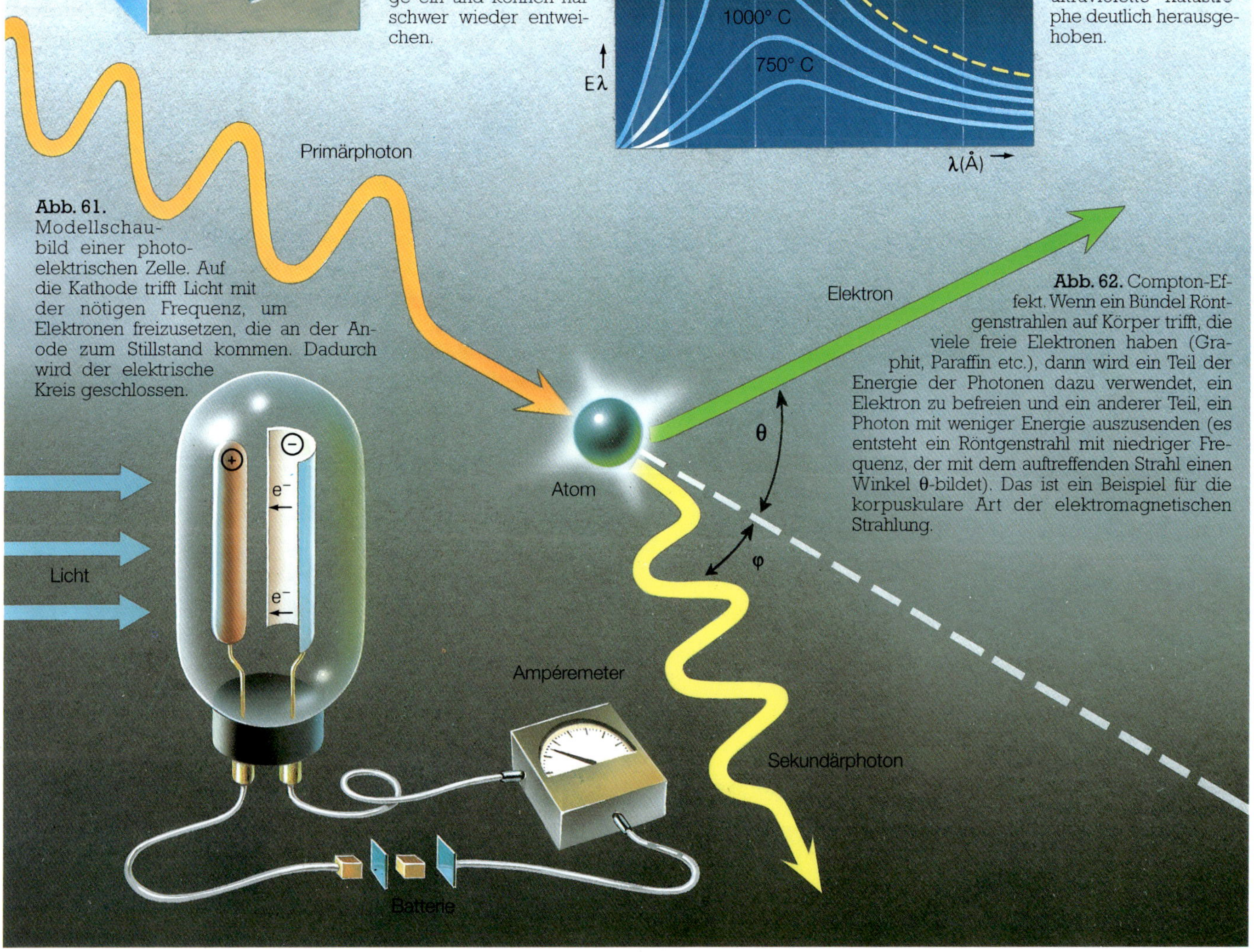


**Abb. 61.** Modellschaubild einer photoelektrischen Zelle. Auf die Kathode trifft Licht mit der nötigen Frequenz, um Elektronen freizusetzen, die an der Anode zum Stillstand kommen. Dadurch wird der elektrische Kreis geschlossen.

**Abb. 62.** Compton-Effekt. Wenn ein Bündel Röntgenstrahlen auf Körper trifft, die viele freie Elektronen haben (Graphit, Paraffin etc.), dann wird ein Teil der Energie der Photonen dazu verwendet, ein Elektron zu befreien und ein anderer Teil, ein Photon mit weniger Energie auszusenden (es entsteht ein Röntgenstrahl mit niedriger Frequenz, der mit dem auftreffenden Strahl einen Winkel θ-bildet). Das ist ein Beispiel für die korpuskulare Art der elektromagnetischen Strahlung.

# Exkurs in die Atomphysik: Atomaufbau: Hülle (I)

Nach dem Atommodell von Rutherford kreisen die Elektronen in ständiger Bewegung um den Kern. Solche beschleunigten, sich bewegenden Ladungen müssen nach der damals bereits bekannten, von James Clerk Maxwell begründeten klassischen Elektrodynamik Energie in Form von Licht abgeben. Ständig um den Atomkern kreisende Elektronen müßten allerdings eine spiralförmige Bahn beschreiben, kontinuierlich Bewegungsenergie verlieren und schließlich in den Kern stürzen. Im Jahre 1913 veröffentlichte Niels Bohr (S. 28) eine Arbeit in der Zeitschrift *Philosophical Magazine*, in der er das Modell von Rutherford als Vorlage für ein neues Modell nahm, das den Versuchsergebnissen näherkam. Er stützte sich auf die folgenden Postulate:

**1.** Atome bestehen aus einem sehr kleinen positiven Kern, um den sich Elektronen auf einer *kreisförmigen* Bahn bewegen, ohne Energie auszusenden.

**2.** Möglich sind nur Bahnen, deren Radius ein ganzes Vielfaches, *n*, des Planckschen Quantums ist. Folglich ist der Wendekreis sowie die Energie des Elektrons auf jeder Bahn gequantelt. Die Zahl *n* heißt *Hauptquantenzahl*. Ihr Wert gibt die Anordnung der Elektronen auf den Schalen an. Den Werten 1,2,3 .., n, können die Buchstaben K,L,M zugeordnet werden.

**3.** Wenn ein Elektron von seiner Bahn auf eine weiter außen gelegene Schale übergeht, die mehr Energie besitzt oder auf eine innere Schale mit weniger Energie wird diese energetische Differenz in Form einer elektromagnetischen Strahlung, dem *Photon* (hν), freigesetzt.

Die Vorstellung Bohrs geht davon aus, daß die Elektronen eines Stoffes bei Zuführung von Energie, Licht oder Wärme auf höhere Schalen überspringen können. In diesem angeregten Zustand senden sie Lichtquanten (hν) aus, wenn sie wieder auf die inneren Schalen übergehen. Mit dieser Theorie ist es möglich, den Frequenzwert der Strahlung bei dem Übergang eines Elektrons von einer energetischen Ebene auf die andere zu berechnen. Röntgenstrahlen lassen sich so erklären, daß sich bei Beschuß eines Atoms mit sehr energiereichen Elektronen ein inneres Elektron lösen kann. Der dabei zurückbleibende freie Platz wird von einem Elektron einer weiter außen liegenden Schale besetzt, das eine hochfrequente elektromagnetische Welle erzeugt: die Röntgenstrahlen. Die Gesamtheit von Strahlen, die die Elektronen aussenden, wenn sie von einer Energieebene zur nächsten, energieärmeren wechseln, nennt sich *Spektralreihe*. Das Modell von Bohr erklärt die fünf Spektralreihen des Wasserstoffatoms.

## ATOMMODELL VON SOMMERFELD

Das Atommodell von Bohr hatte den Nachteil, daß es zwar das Spektrum des Wasserstoffatoms erklären konnte, bei der Erklärung der Spektren anderer Elemente jedoch versagte. Arnold Sommerfeld (1868-1951) erweiterte die von Bohr aufgestellte Atomtheorie und berechnete die Feinstruktur der Spektrallinien des Wasserstoffes. Er räumte daraufhin ein, daß die Elektronenumlaufbahnen kreisförmig, aber auch ellipsenförmig sein können. Der Kern befände sich dabei in einem der Brennpunkte der Ellipse. Diese gequantelten Bahnen, die mehr oder weniger energetisch sein können, werden *Unterschalen* genannt und werden durch eine *Sekundärquantenzahl l* gekennzeichnet. Bei einer Energieebene *n* kann l Werte annehmen wie: 0,1,2,3,...,n-1 (Abb. 66). Bei Bohr war nur eine Elektronenschale möglich, und sie gilt nur für *n*=1. In der erweiterten Theorie sind sind so viele Schalen möglich wie die Quantenzahl *n* angibt.

Damit kann nicht nur erklärt werden, daß bei einem Elektronenübergang Energie freigesetzt wird, sondern auch die Frequenz der entsprechenden Strahlung und die Feinstruktur des Wasserstoffspektrums. Jeder Unterschale wird ein alphabetisches Symbol zugeordnet, basierend auf ihrem Erscheinungsbild im Feinspektrum: *s (sharp), p (prinzipal =Haupt-), d (diffus) und f (fundamental)*. Das Spektrum eines Atoms unter Einfluß eines magnetischen Feldes erhöht die Anzahl der Strahlen (Zeeman-Effekt). Diese Tatsache ist darauf zurückzuführen, daß die Bahnebene des Elektrons nur gewisse gequantelte Richtungen, gemessen an der Richtung des Magnetfeldes, haben kann. Es wird eine dritte Quantenzahl, *m (magnetisch)* eingeführt, die die möglichen Richtungen der Bahnen bezeichnet. Sie kann Ganzzahlenwerte zwischen 1 und +1 annehmen (Abb. 65).

**Abb. 63.** Unverträglichkeit zwischen dem Atommodell von Rutherford und den elektromagnetischen Gesetzen Maxwells.

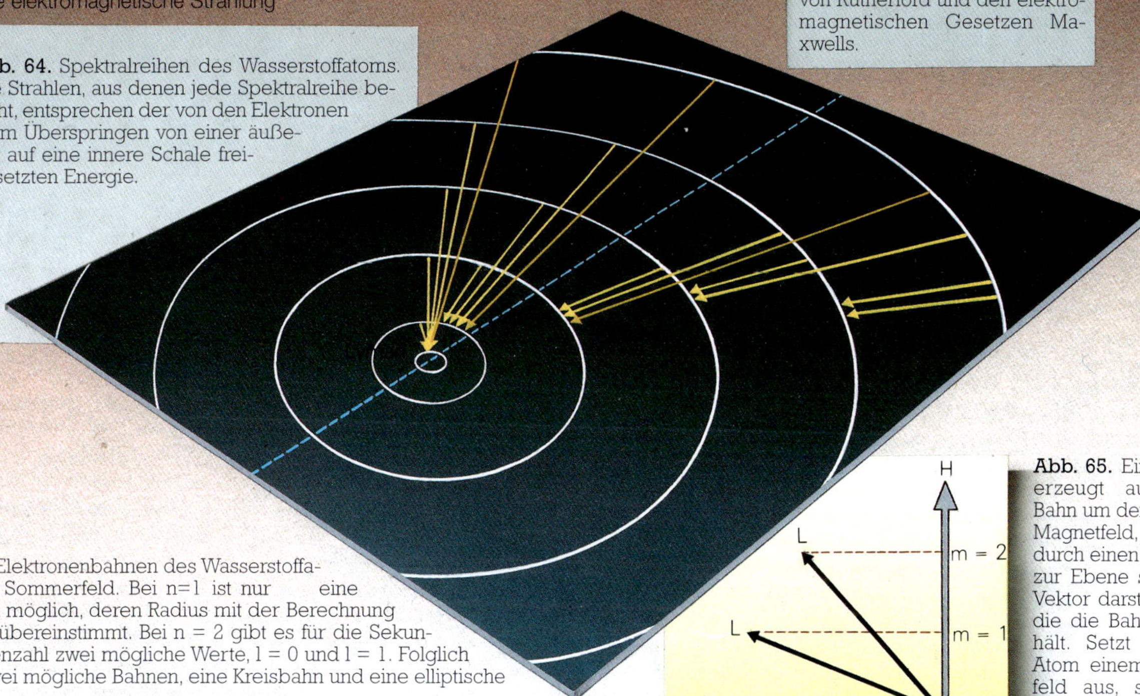

**Abb. 64.** Spektralreihen des Wasserstoffatoms. Die Strahlen, aus denen jede Spektralreihe besteht, entsprechen der von den Elektronen beim Überspringen von einer äußeren auf eine innere Schale freigesetzten Energie.

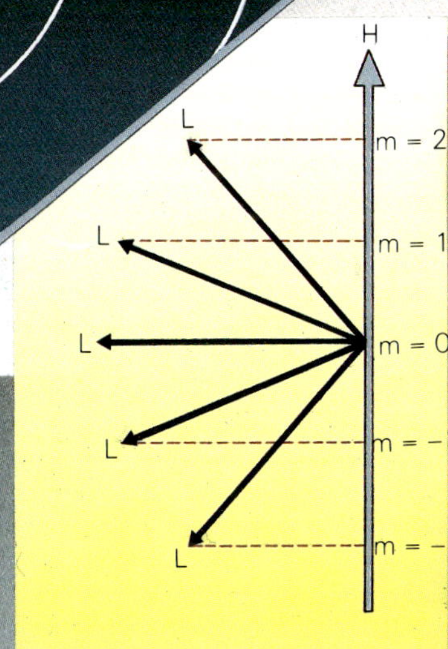


**Abb. 65.** Ein Elektron erzeugt auf seiner Bahn um den Kern ein Magnetfeld, das sich durch einen senkrecht zur Ebene stehenden Vektor darstellen läßt, die die Bahn (L) enthält. Setzt man ein Atom einem Magnetfeld aus, steigt die Zahl der Spektrallinien (Zeeman-Effekt). Dieses Phänomen kann dadurch erklärt werden, daß die Bahnebene des Elektrons verschiedene gequantelte Richtungen gegenüber der Richtung des Magnetfeldes (H) annehmen kann. Die Zahl der möglichen Richtungen wird durch m, die *magnetische Quantenzahl*, dargestellt. Diese Quantenzahl kann alle Werte von *1...0...+1* annehmen. Die Abbildung zeigt mögliche Richtungen für m = 2.

**Abb. 66.** Elektronenbahnen des Wasserstoffatoms von Sommerfeld. Bei n=1 ist nur eine Kreisbahn möglich, deren Radius mit der Berechnung von Bohr übereinstimmt. Bei n = 2 gibt es für die Sekundärquantenzahl zwei mögliche Werte, l = 0 und l = 1. Folglich gibt es zwei mögliche Bahnen, eine Kreisbahn und eine elliptische Bahn.

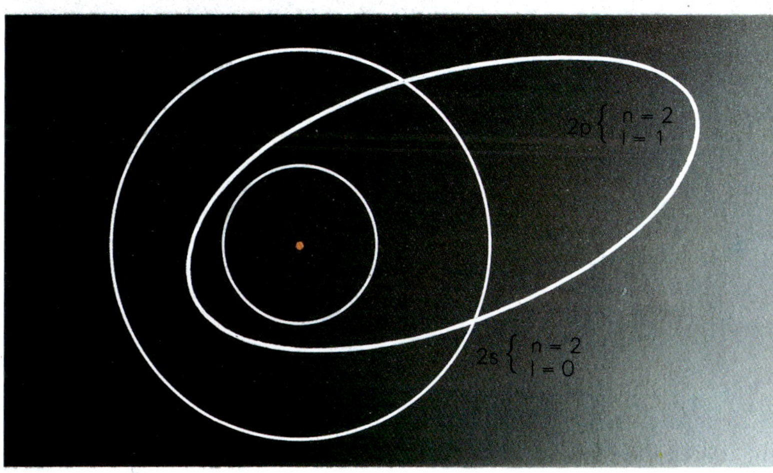

# Exkurs in die Atomphysik: Atomaufbau: Hülle (II)

Im Jahre 1925 erkannte der Physiker Wolfgang Pauli (1900-1958), ein Schüler Sommerfelds und später Bohrs, die Notwendigkeit, eine *Viertelquantenzahl* aufzustellen, die sich so erklären läßt, daß auf jeder energetischen Schale nur zwei Elektronen sitzen, wobei eines im Uhrzeigersinn kreist und das andere entgegen dem Uhrzeigersinn. Damit gibt es kein Atom, in dem zwei Elektronen die gleiche Viertelquantenzahl besitzen können *(Paulis Ausschlußprinzip)*. Unter Annahme dieser Vorstellung war es möglich, die Elektronen der verschiedenen Elemente in Schalen und Unterschalen einzuteilen. Wenn man davon ausgeht, daß die chemischen Eigenschaften der Elemente von den Elektronen auf der äußeren Bahn abhängen, hat die Einteilung der Elemente im Periodensystem nach diesem Kriterium seine Berechtigung. Die Elemente der ersten Spalte zeichnen sich dadurch aus, daß sie nur ein Elektron auf der letzten Schale besitzen, die Elemente der zweiten zwei Elektronen etc.

Einige Zeit später stellten die niederländisch-amerikanischen Physiker Goudsmit und Uhlenbeck bei Betrachtung mit einem hochauflösenden Spektroskop fest, daß die Spektrallinien der Alkalimetalle *doppelt* waren. Dieses Phänomen kann dadurch erklärt werden, daß das Elektron sich um sich selbst dreht und sich gleichzeitig wie ein kleiner Magnet, dessen magnetisches Feld dem entstehenden Feld in der Translationsbewegung gleich oder entgegengerichtet ist, um den Kern dreht (Abb. 67). Anstelle einer Energieebene gibt es zwei, die eng beieinander liegen. Die Existenz der Viertelquantenzahl, genannt Spin (Drehung), war bewiesen. Sie zeigten außerdem, daß die Dreheinheit eines Elektrons die Hälfte der Quanteneinheit war. Jedes Elektron macht eine Drehung von +1/2 oder -1/2.

### DE BROGLIES THEORIE

Licht besteht aus Wellen, das erklärt Erscheinungen wie Beugung, Interferenzen etc. und aus Teilchen (Korpuskeln), was die Strahlung des schwarzen Körpers und der photoelektrische Effekt aufzeigt. Eigentlich ist es falsch zu versuchen, das Licht einer der beiden Kategorien zuzuordnen, da es beiden Kategorien zugleich angehört. Diese beiden Aspekte sind komplementär, deshalb müssen wir dem Licht einen *dualen Wellen-Partikel* -Charakter zubilligen. Es wäre ebenso falsch, einen Sportstudenten als Studenten oder Sportler einzustufen, offensichtlich lassen sich seine guten Chemiekenntnisse dadurch erklären, daß er Student ist und seine Erfolge als Athlet, weil er Sportler ist.

Im Jahre 1924 stützte sich der französische Physiker Louis Victor de Broglie auf den Charakter des Lichts als Welle und Korpuskel. Da die Natur so erstaunlich symmetrisch ist, so glaubte er, müsse die Materie ebenfalls diesen Dualismus aufweisen. Er stellte die Hypothese auf, daß jedes Materialpartikel, das sich bewegt, eine zugeordnete Welle hat, die man *Materienwelle* nennt. Ihrer Wellenlänge liegt die gleiche Gleichung zugrunde wie der des Lichts. Zwei Jahre später zeigte der Physiker George Paget Thomson, Sohn von J.J. Thomson (S. 18), daß Metallfolien die Elektronen genauso beugen wie sie ein Bündel Röntgenstrahlen brechen und daß die Wellenlänge eines Elektronenbündels der von De Broglie aufgestellten Gleichung entspricht. Der Dualismus zwischen Korpuskel und Welle gilt für alle Körper, obwohl der Wellencharakter für Körper, die viel größer sind als subatomare Teilchen, vernachlässigt werden kann.

### DIE UNSCHÄRFEBEZIEHUNG HEISENBERGS

Der deutsche Physiker Karl Werner Heisenberg glaubte, daß es - anstatt die Spektrallinien durch ein Atommodell zu erklären, was so viele Probleme bereitete-, besser wäre, eine mathematische Beziehung zu finden, die die Linien rechtfertigt. Er verwendete ein mathematisches System, das er die *Matrizenmechanik* nannte. Im Jahre 1927 führten ihn seine Berechnungen zu der *Unschärfebeziehung,* die seinen Namen trägt: *Es ist unmöglich, die genaue Position und den Impuls (Masse x Geschwindigkeit) eines Teilchens mit absoluter Gewißheit zu bestimmen* (Abb. 64). Da ein Elektron in komplizierten Bahnen um den Kern kreist und es unmöglich ist, seinen Impuls und seine Position vorauszusehen, kann man nur von der *Wahrscheinlichkeit* sprechen, mit der ein Elektron an einem bestimmten Ort sein kann.

### DAS ATOMMODELL SCHRÖDINGERS

Erwin Schrödinger (1887-1961), österreichischer Physiker, kam 1926 zu den gleichen Ergebnissen, die Heisenberg mit der Matrizenmechanik gefunden hatte, aber er verfolgte ein anschaulicheres Atommodell. Er veränderte das Bohrsche Modell, indem er den Wellencharakter des Elektrons mit einbezog. Mit dieser Entwicklung verdeutlichte er, daß *das Elektron den Gesetzen von Maxwell nicht widersprach.* Er erhielt eine mathematische Gleichung, die Wellengleichung, in der die planetarischen Umlaufbahnen laut Heisenberg unbestimmbar durch Raumzonen (Atomorbitale) um den Kern herum ersetzt wurden. Dort ist die Wahrscheinlichkeit am größten, ein Elektron anzutreffen (Abb. 70).

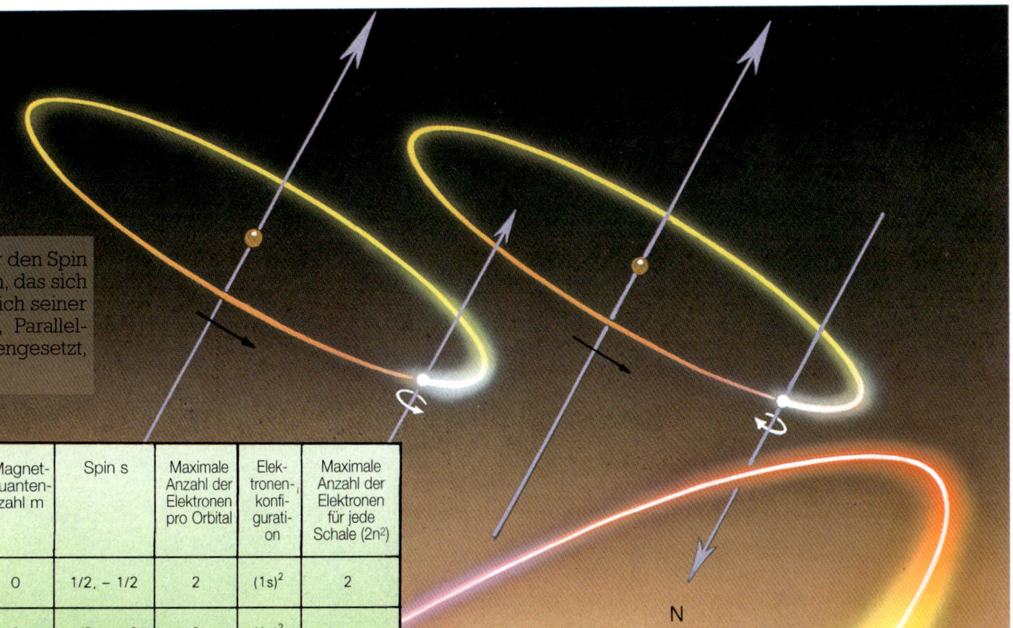


**Abb. 67.** Zwei Möglichkeiten für den Spin des Elektrons. Links ein Elektron, das sich um die eigene Achse dreht, gleich seiner Kreisbewegung um den Kern, Parallelspin. Rechts kreisen sie entgegengesetzt, Antiparallelspin.

| Schale | Hauptquantenzahl n | Sekundär-quantenzahl l | Magnetquantenzahl m | Spin s | Maximale Anzahl der Elektronen pro Orbital | Elektronen-konfiguration | Maximale Anzahl der Elektronen für jede Schale ($2n^2$) |
|---|---|---|---|---|---|---|---|
| K | 1 | 0<br>Orbital s | 0 | 1/2, – 1/2 | 2 | $(1s)^2$ | 2 |
| L | 2 | 0<br>Orbital s | 0 | 1/2, – 1/2 | 2 | $(1s)^2$ | 8 |
| | | 1<br>Orbital p | 1<br>0<br>–1 | 1/2, – 1/2<br>1/2, – 1/2<br>1/2, – 1/2 | 6 | $(2p)^6$ | |
| M | 3 | 0<br>Orbital s | 0 | 1/2, – 1/2 | 2 | $(1s)^2$ | 18 |
| | | 1<br>Orbital p | 1<br>0<br>–1 | 1/2, – 1/2<br>1/2, – 1/2<br>1/2, – 1/2 | 6 | $(2p)^6$ | |
| | | 2<br>Orbital d | 2<br>1<br>0<br>–1<br>–2 | 1/2, – 1/2<br>1/2, – 1/2<br>1/2, – 1/2<br>1/2, – 1/2<br>1/2, – 1/2 | 10 | $(3d)^{10}$ | |

**Abb. 68.** Verteilung der Elektronenanzahl auf Schalen und Suborbitalen. Man kann feststellen, daß die maximale Anzahl von Elektronen auf einer Schale $2n^2$ beträgt: 2,8,18 etc. Auf der Unterschale *s* haben zwei Elektronen Platz, auf *p* 6, auf *d* 10 Elektronen und auf *f* (hier nicht angezeigt) 14.

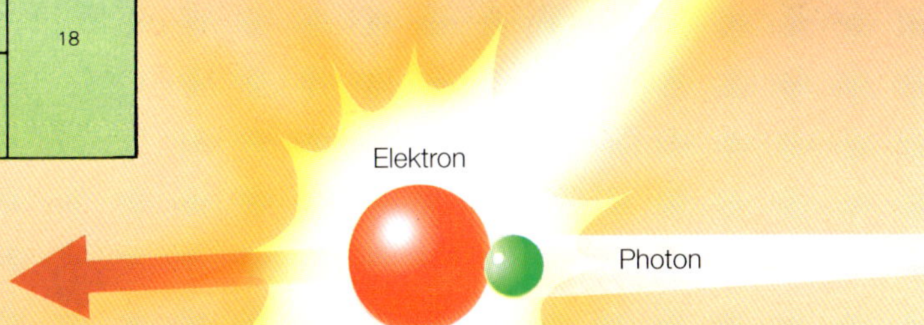


**Abb. 69.** Unschärfebeziehung Heisenbergs. Wenn man die Position eines Elektrons zu einem bestimmten Zeitpunkt mit einem idealen Mikroskop bestimmen könnte, das das kurzwellige Licht nutzt, würde der Zusammenstoß einiger dieser energetischen Photone mit dem Elektron bei diesem zu einer Schwankung der Bewegungsintensität führen. Daraus folgt, je besser sich die Position bestimmen läßt, desto größer ist die Unbestimmtheit in der Bewegungsschwankung. Es ist unmöglich, die Orbitale eines Elektrons bzw. seine genaue Position zu einem bestimmten Zeitpunkt zu bestimmen.

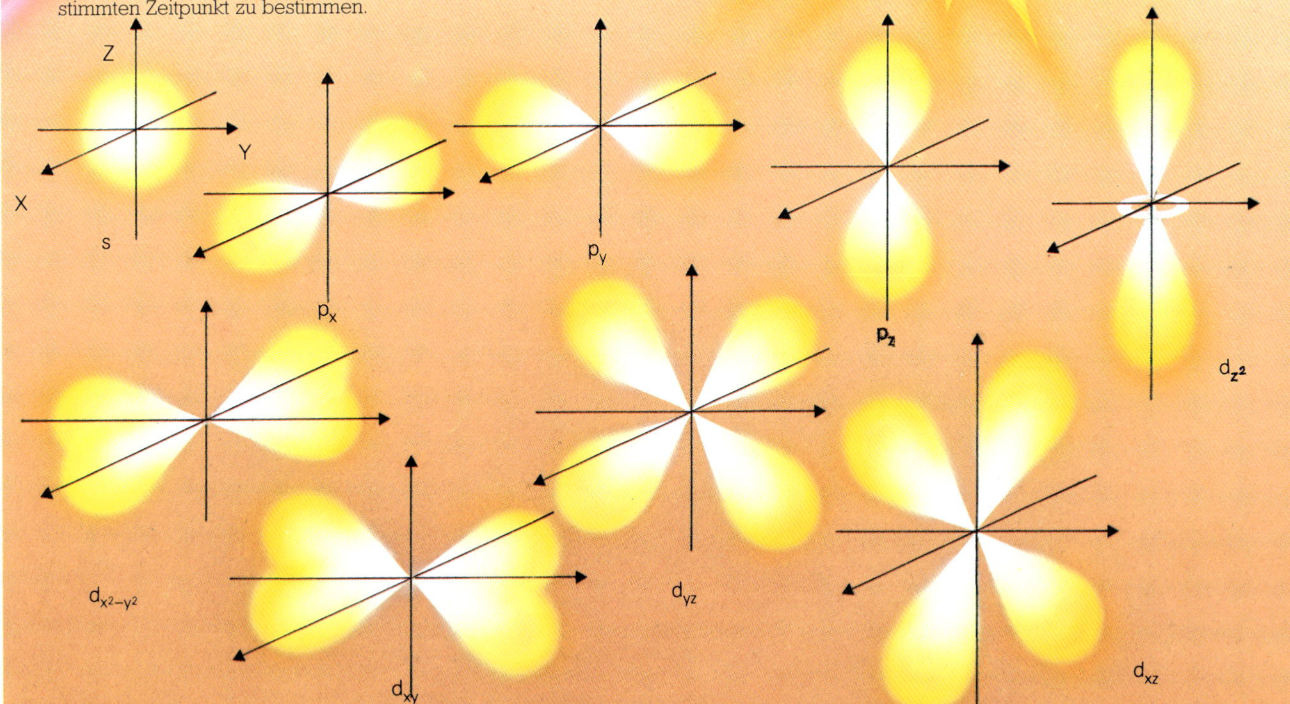


**Abb. 70.** Atomorbitale. Die Wellengleichung von Schrödinger ersetzt die konkreten Orbitale von Bohr durch Bereiche, in denen die Wahrscheinlichkeit größer ist, auf ein Elektron zu treffen.

# Seine Geschichte. Die Elektronen und das Periodensystem

Der deutsche Chemiker Johann Wolfgang Döbereiner (1780-1849) entdeckte 1829, daß Elemente mit ähnlichen Eigenschaften sich in Gruppen mit je drei Elementen, in sogenannten *Triaden* einordnen lassen. Das Atomgewicht des mittleren Elements ist dabei ungefähr gleich dem arithmetischen Mittel des Atomgewichts der anderen beiden Elemente. Das gilt für Chlor, Brom, Jod, für Calcium, Strontium, Barium etc. Diese Gruppierungen wurden als kuriose Übereinstimmungen eingestuft, die für die Praxis nicht von Interesse waren. Im Jahre 1862 veröffentlichten Alexandre Emile Beguyer de Chancourtois (1820-1866) und unabhängig davon 1864 John Alexander Reian Newlands (1838-1866) ihre diesbezüglichen Beobachtungen. Als man die Elemente nach zunehmenden Atomgewichten in Zeilen ordnete, fand man - außer bei Wasserstoff - nach Einordnung von sieben Elementen beim achten Element die gleichen Eigenschaften wie beim ersten. Aufgrund der Ähnlichkeit mit der Tonleiter in der Musik nannte man dieses Phänomen *Oktavengesetz von Newlans.*

Im Jahre 1869 ordneten der russische Chemiker Dimitri Ivanovich Mendeleiev (1834-1907) sowie 1870 Julius Lothar Meyer (1830-1895) die damals bekannten 53 Elemente in Zeilen nach steigendem Atomgewicht untereinander, so daß sich die Elemente mit gleicher Valenz (Wertigkeit) in der gleichen Reihe befanden. Diese Elemente hatten zahlreiche verwandte Eigenschaften. Aufgrund der periodischen Ab- und Zunahme der Atomgewichte und Eigenschaften, nannte man diese Einteilung *Periodensystem der Elemente.* Mendeleiev kamen bei der Abänderung der Reihenfolge von Elementenpaaren keine Zweifel, daß periodisch wiederkehrende Eigenschaften respektiert werden müssen. Er hatte ebenfalls keine Bedenken, noch Freiräume für unbekannte Elemente zu lassen.

Mendeleiev und Lothar Mayer präsentierten 1871 ein neues System, das aus sieben Reihen (Perioden) und aus acht Spalten bestand. Die Gesamtheit der Elemente einer Spalte nannte er *Familie* oder *Gruppe,* da sie ähnliche Eigenschaften aufwiesen. Im Unterschied zum Periodensystem von Newlands bestand dieses nicht aus Perioden mit einer festen Anzahl von Elementen. Zu diesem Zeitpunkt bereits sagte Mendeleiev die chemischen und physikalischen Eigenschaften von drei unbekannten Elementen voraus, die er *Ekabor, Ekaluminium* und *Ekasilicium* nannte. Eka, eine Sanskrit-Vorsilbe, die erster bedeutet, gab an, daß das unbekannte Element sich in einem freien Feld unter dem genannten befindet. Einige Jahre später wurden diese Elemente entdeckt, und man gab ihnen die Namen *Scandium, Gallium und Germanium.*

1912 untersuchte Henry Gwyn Jeffreys Moseley die von den Elementen ausgesandten Röntgenstrahen (S. 30). Dabei fiel ihm auf, daß die Frequenz dieser Strahlung in charakteristischer Weise von der Kernladungszahl des jeweiligen Elements abhängt. Und so ging man dazu über, die Elemente des Periodensystems nach ihren Kernladungszahlen zu ordnen. So ließen sich Anordnungen, die der chemischen Verwandtschaft widersprachen und die aus der Anordnung der Elemente nach den Atomgewichten stammten, beseitigen.

Damit war das heutige Periodensystem aufgestellt. Es besteht aus *sieben* Perioden und *achtzehn* Spalten. Die Elemente, die in den Spalten drei bis zwölf zu finden sind, heißen *Übergangsmetalle.* Die sechste Periode mit zweiunddreißig Elementen beginnt mit Cäsium und endet mit Radon. Die Elemente mit der Atomzahl 58 bis 71 stehen nicht in dieser Periode, um die Tabelle nicht in die Länge zu ziehen. Sie stehen an anderer Stelle und sind aufgrund des zugehörigen Lanthans als *Lanthanide* bekannt. Dasselbe trifft auf die siebte Periode zu, bei der die Elemente 90 bis 103 an anderer Stelle stehen und als Actiniden bezeichnet werden. Lanthanide und Actinide werden als *doppelte Übergangselemente* oder *Seltene Erden* zusammengefaßt.

### PERIODENSYSTEM UND ELEKTRONENAUFBAU

Geht man im Periodensystem von einem Element zum nächsten, wächst die Atomzahl um eine Einheit. Auch die Protonenzahl des Kerns sowie die Anzahl der Elektronen in der Hülle - *Elektronendifferentiator* - erhöhen sich um eine Einheit. Folglich kann man eine Beziehung zwischen der Position eines Elements im Periodensystem und der Anzahl seiner Elektronen herstellen. Die Spezifizierung der Orbitale eines Atoms mit den dazugehörigen Elektronenzahlen nennt sich *Elektronenkonfiguration.* Wo sich das Differentiatorelektron im Atom befindet, hängt von den folgenden Prinzipien ab: *Paulis Ausschlußprinzip* (S.36), *Prinzip der Minimalenergie* (die Elektronen verteilen sich, indem sie zuerst die energieärmeren Orbitale besetzen, Abb. 71 und 73), *Prinzip der maximalen Einfachheit, Hundsche Regel:* Energiegleiche Orbitale werden zunächst nur mit einem Elektron besetzt, erst dann werden die einzelnen Orbitale mit dem zweiten Elektron maximal besetzt.

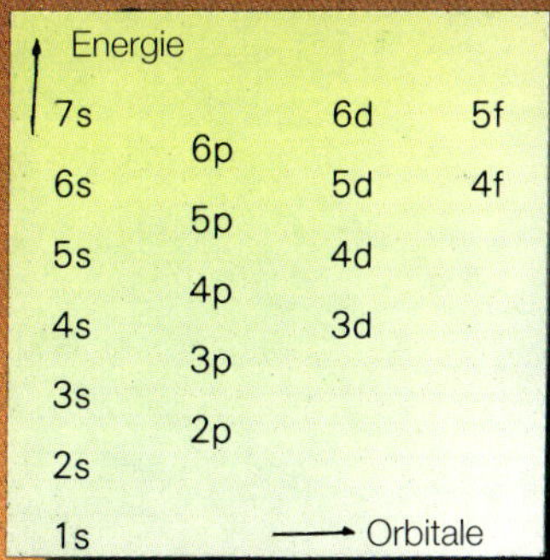


**Abb. 71.** Energiediagramm der Atomorbitale. Unter Einwirkung eines Differentiatorelektrons werden zunächst die energiearmen 1s-Orbitale, dann die nächsthöheren und zuletzt die energiereichen 6d-Orbitale aufgefüllt.

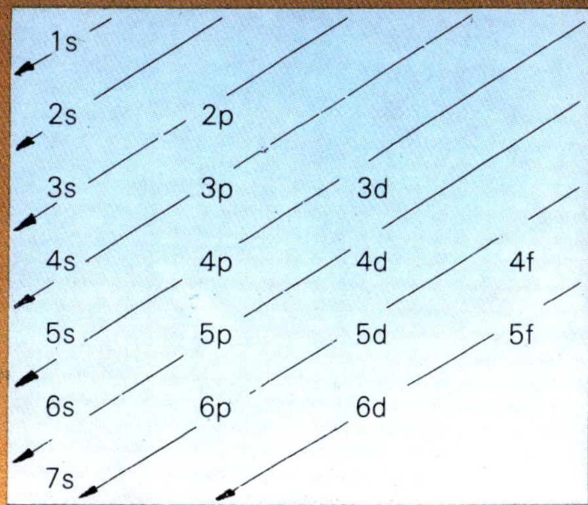


**Abb. 72.** Schema für die Reihenfolge der Besetzung der Atomorbitale. Bsp.: Sauerstoff, z = 8 : Ebene 1, Orbital s, 2 Elektronen-Ebene 2, Orbital s, 2 Elektronen-Ebene 2, Orbital p, 4 Elektronen: $1s^2\ 2s^2\ 2p^4$.

| | 1s | 2s | 2p | | |
|---|---|---|---|---|---|
| H | ↑ | | | | |
| He | ↑↓ | | | | |
| Li | ↑↓ | ↑ | | | |
| Be | ↑↓ | ↑↓ | | | |
| B | ↑↓ | ↑↓ | ↑ | | |
| C | ↑↓ | ↑↓ | ↑ | ↑ | |
| N | ↑↓ | ↑↓ | ↑ | ↑ | ↑ |
| O | ↑↓ | ↑↓ | ↑↓ | ↑ | ↑ |
| F | ↑↓ | ↑↓ | ↑↓ | ↑↓ | ↑ |
| Ne | ↑↓ | ↑↓ | ↑↓ | ↑↓ | ↑↓ |

**Abb. 73.** Elektronenkonfiguration der Elemente der ersten und zweiten Periode. Die Elektronen sind entsprechend der Hundschen Regel maximal verteilt.

Repräsentative Elemente (1–2) | Übergangsmetalle (3–12) | Repräsentative Elemente (13–17) | Edelgase (18)

Legende: Atomzahl, Atommasse, chem. Symbol, Bezeichnung (Beispiel: 78 195,09 Pt $d^9s^1$ PLATIN); Feststoffe, Flüssigkeiten, Gase, Synthetische Stoffe

| n | 1 | 2 | 3 | 4 | 5 | 6 | 7 | 8 | 9 | 10 | 11 | 12 | 13 | 14 | 15 | 16 | 17 | 18 |
|---|---|---|---|---|---|---|---|---|---|---|---|---|---|---|---|---|---|---|
| | $s^1$ | $s^2$ | $d^1$ | $d^2$ | $d^3$ | $d^4$ | $d^5$ | $d^6$ | $d^7$ | $d^8$ | $d^9$ | $d^{10}$ | $p^1$ | $p^2$ | $p^3$ | $p^4$ | $p^5$ | $p^6$ |
| 1 | 1 1.0079 H Wasserstoff | | | | | | | | | | | | | | | | | 2 4.0026 He $s^2$ HELIUM |
| 2 | 3 6.941 Li Lithium | 4 9.0128 Be Beryllium | | | | | | | | | | | 5 10.81 B Bor | 6 12.011 C Kohlenstoff | 7 14.006 N Stickstoff | 8 15.999 O Sauerstoff | 9 18.998 F Fluor | 10 20.179 Ne Neon |
| 3 | 11 22.990 Na Natrium | 12 24.305 Mg Magnesium | | | | | | | | | | | 13 26.982 Al Aluminium | 14 28.086 Si Silicium | 15 30.973 P Phosphor | 16 32.06 S Schwefel | 17 35.453 Cl Chlor | 18 39.948 Ar Argon |
| 4 | 19 39.098 K Kalium | 20 40.08 Ca Calcium | 21 44.959 Sc Scandium | 22 47.90 Ti Titan | 23 50.941 V Vanadium | 24 51.996 Cr $d^5s^1$ Chrom | 25 54.938 Mn Magnan | 26 55.847 Fe Eisen | 27 58.933 Co Cobalt | 28 58.70 Ni Nickel | 29 63.546 Cu $d^{10}s^1$ Kupfer | 30 65.38 Zn Zink | 31 69.735 Ga Galium | 32 72.59 Ge Germanium | 33 74.922 As Arsen | 34 78.96 Se Selen | 35 79.904 Br Brom | 36 83.80 Kr Krypton |
| 5 | 37 85.468 Rb Rubidium | 38 87.62 Sr Strontium | 39 88.906 Y Yttrium | 40 91.22 Zr Zirconium | 41 92.906 Nb $d^45^1$ Niob | 42 95.94 Mo $d^5s^1$ Molybdän | 43 98.906 Tc Technetium | 44 101.07 Ru $d^7s^1$ Ruthenium | 45 102.91 Rh $d^8s^1$ Rhodium | 46 106.4 Pd $d^{10}$ Palladium | 47 107.87 Ag $d^{10}s^1$ Silber | 48 112.41 Cd Cadmium | 49 114.82 In Indium | 50 118.69 Sn Zinn | 51 121.75 Sb Antimon | 52 127.60 Te Tellur | 53 126.90 I Jod | 54 131.30 Xe Xenon |
| 6 | 55 132.90 Cs Caesium | 56 137.33 Ba $6s^2$ Barium | 57 138.90 La* $d^1$ Lanthan* | 72 178.49 Hf Hafnium | 73 180.95 Ta Tantal | 74 183.85 W Wolfram | 75 186.2 Re Rhenium | 76 190.2 Os Osmium | 77 192.22 Ir Iridium | 78 195.09 Pt $d^9s^1$ Platin | 79 196.97 Au $d^{10}S^1$ Gold | 80 200.59 Hg Quecksilber | 81 204.37 Ti Thallium | 82 207.2 Pb Blei | 83 208.98 Bi Bismut | 84 (210) Po Polonium | 85 (210) At Astat | 86 (222) Rn Radon |
| 7 | 87 (223) Fr Francium | 88 (226)-3 Ra Radium | 89 (227) Ac** $d^1$ Actinium* | 104 (260) Unq Kurtschatovium | 105 Unp Hahnium | 106 Unh Seaborgium | | | | | | | | | | | | |

| | n | $f^1$ | $f^2$ | $f^3$ | $f^4$ | $f^5$ | $f^6$ | $f^7$ | $f^8$ | $f^9$ | $f^{10}$ | $f^{11}$ | $f^{12}$ | $f^{13}$ | $f^{14}$ | (n-1)$d^1$ |
|---|---|---|---|---|---|---|---|---|---|---|---|---|---|---|---|---|
| Lanthanide | 6 | 57 138.90 La* $d^1$ Lanthan* | 58 140.12 Ce $f^1d^1$ Cer | 59 140.91 Pr Praseodym | 60 144.24 Nd Neodym | 61 (145) Pm Promethium | 62 150.4 Sm Samarium | 63 151.96 Eu Europium | 64 157.25 Gd $f^7d^1$ Gadolinium | 65 158.92 Tb Terbium | 66 162.50 Dy Dysprosium | 67 164.93 Ho Holmium | 68 167.26 Er Erbium | 69 168.93 Tm Thulium | 70 173.04 Yb Ytterbium | 71 174.97 Lu Lutetium |
| Actinide | 7 | 89 (227) Ac** $d^1$ Actinium** | 90 232.04 Th $d^2$ Thorium | 91 231.04 Pa $f^2d^1$ Protactinium | 92 238.03 U $f^3d^1$ Uran | 93 237.05 Np $f^4d^1$ Neptunium | 94 (244) Pu Plutonium | 95 (243) Am Americium | 96 (247) Cm $f^7d^1$ Curium | 97 (247) Bk Berkelium | 98 (251) Cf Californium | 99 (254) Es Einsteinium | 100 (257) Fm Fermium | 101 (256) Md Mendelevium | 102 (254) No Nobelium | 103 (257) Lr Lawrencium |

(n-2)f

**Abb. 74.** Periodensystem der Elemente. Es gibt Elemente mit gewissen Abweichungen in ihrem grundlegenden Elektronenaufbau, was auf geringe Energieunterschiede auf den letzten Schalen zurückzuführen ist. In diesen Fällen zeichnen sich Anomalien ab. Die Atommassenwerte in Klammern entsprechen dem stabilsten Isotop.

# Allgemeines. Ionenbindung

Untersucht man den Aufbau des Atoms genauer, stellt man sich unweigerlich die Fragen, wie und warum sich Atome zu Molekülen vereinen, warum das Wasserstoffmolekül zwei Atome, das Ozon dagegen drei Atome besitzt, weshalb Edelgase und Metalle im Gaszustand aus isolierten Atomen bestehen und worauf sich die elektrische Leitfähigkeit von Natriumfluorid im geschmolzenen Zustand oder als Lösung zurückführen läßt. Um diese und andere Fragen zu beantworten, ist es notwendig, ein Modell für die *chemische Bindung* zu entwickeln, das mit den Versuchsergebnissen im Einklang steht.

Mit *chemischer Bindung* bezeichnet man die Anziehungskräfte, die zwischen den Atomen wirken. Die Kraft, die diese Bindung aufrechterhält, heißt Bindungskraft. Sie beruht auf elektrostatischen Anziehungskräften. Eine Erklärung für die Bindung liegt in der Annahme, daß Atome, die aus einer Hülle mit Elektronen bestehen, welche um einen winzigen Kern kreisen, bei Zusammenstoß mit anderen Atomen so viel Energie freisetzen, daß ein Elektronenübergang möglich wird. Durch Abgabe oder Aufnahme von Elektronen gehen die Atome dann in einen geladenen Zustand über: Sie werden zu Ionen. Damit wird die Neutralität des Atoms aufgehoben und die entsprechenden Anziehungskräfte zur Entstehung der Bindung erzeugt (Abb. 76).

Daraus folgt, daß die Summe der Energien eines jeden Atoms kleiner ist als die Summe der Energien der isolierten Atome. Beweis dafür ist die Freisetzung von Energie, die sich bei einer Verbindung isolierter Atome feststellen läßt. Die gleiche Energiemenge muß bei der Trennung einer Bindung aufgebracht werden *(Bindungsenergie)*.

Bei einer Bindung sind sowohl die Kerne als auch ihre jeweiligen Elektronenschalen beteiligt. Dies scheint auch verständlich zu sein, da mit Zu- oder Abnahme der elektrischen Ladungszahl das Volumen eines jeden Atoms schwankt, was die ganze Hülle und notwendigerweise den positiven Kern betrifft. Von entscheidender Bedeutung zum Verständnis der chemischen Bindung sind die Valenzelektronen der äußersten Schale, die auch Valenzschale genannt wird und das Bestreben hat, die stabile *Edelgaskonfiguration* zu erlangen, d.h. acht Elektronen auf der äußersten, der Valenzschale zu besitzen ($s^2$ $p^6$).

## IONENBINDUNG ODER VALENZBINDUNG

Betrachten wir zum Beispiel die Elektronenschreibweise des Chloratoms: $1s^2$ $2s^2$ $2p^6$ $3s^2$ $3p^5$. Wie man sieht, fehlt dem Chlor ein Elektron, um die Konfiguration von Argon, dem ihm am nächsten kommenden Edelgas, zu erreichen: $1s^2$ $2s^2$ $2p^6$ $3s^2$ $3p^6$. Das Chlor ist daher bestrebt, diese Ladung aufzunehmen, um die Edelgasstruktur zu besitzen. Das Natriumatom hingegen, mit der Schreibweise $1s^2$ $2s^2$ $2p^2$ $3s^1$, kann relativ leicht sein einziges Elektron auf der dritten Schale abgeben und sich in ein positives Ion mit der Struktur von Neon umwandeln: $1s^2$ $2s^2$ $2p^6$.

Damit wird verständlich, warum elementares Natrium und Chlor so reaktionsfreudig sind und so heftig reagieren. Andererseits erzeugen sie auch sehr stabile Chlor- und Natrium*ionen*, die sich im Raum derart ausrichten, daß sie Anziehungskräfte und elektrostatische Rückstoßkräfte ausgleichen und ein Ionenkristall bilden.

Die Elekronenzahl, die ein Atom hinzugewinnt oder verliert, um in ein Ion überzugehen, nennt sich *Ionenvalenz* oder *Elektrovalenz*. So beträgt die Valenz von Chlor und Natrium -1 bzw. +1. Diese Elemente bilden aufgrund ihrer Reaktionsfreudigkeit keine Einzelmoleküle, sondern kommen normalerweise nur in Verbindungen vor z.B. NaCl (Natriumchlorid).

## ALLGEMEINE EIGENSCHAFTEN VON IONENVERBINDUNGEN

**1.** Im Vergleich zu organischen Verbindungen handelt es sich um Feststoffe mit hohen Schmelz- und Siedepunkten.

**2.** Im geschmolzenen oder gelösten Zustand weisen sie gute elektrische Leitfähigkeit auf (S. 80).

**3.** Sie sind spröde (Abb. 75).

**4.** Sie lösen sich nicht in unpolaren Lösungsmitteln, sondern nur in polaren Lösungsmitteln (S. 80).

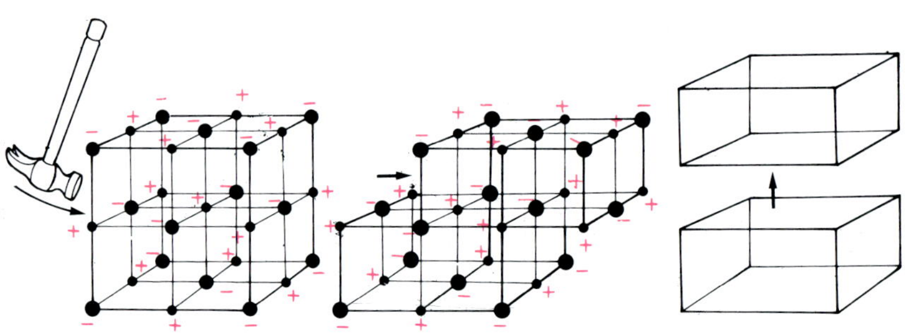

**Abb. 75.** Ionenverbindungen sind spröde. Schlägt man auf einen Glaskörper, werden die Ionen derselben Schale bewegt und treffen auf Ionen mit gleichen Vorzeichen, was zu einem Bruch des Glases führt.

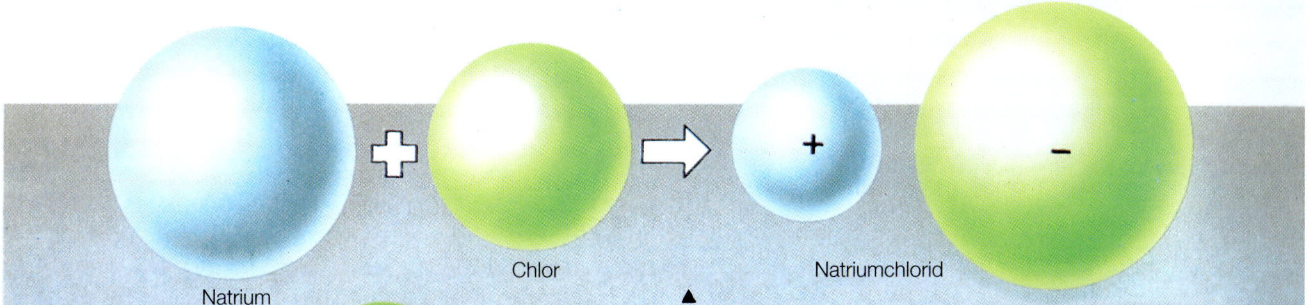


▲ **Abb. 76.** Natrium gibt Chlor ein einzelnes Elektron auf der Valenzschale ab. Die entstehenden Ionen haben Edelgaskonfiguration.

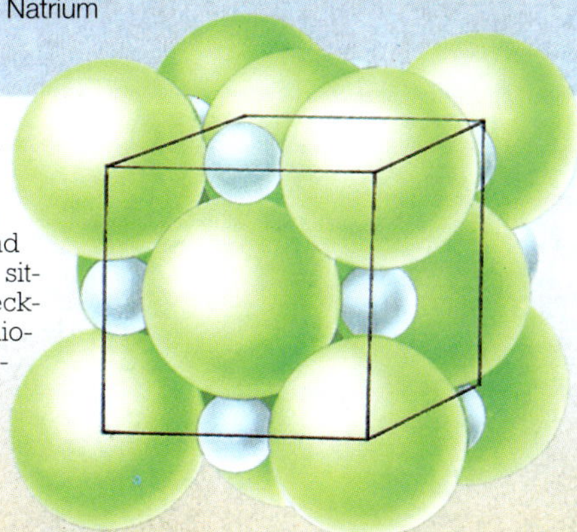

**Abb. 77.** Kristalline Elementarzelle von Natriumchlorid. Die Chlorionen sind flächenzentriert und sitzen in den Würfeleckpunkten, die Natriumionen in den Kantenmitten und im Zellenzentrum.

**Abb. 78.** Halogenverbindungen aller Alkalimetalle bilden Ionenkristalle nach Art des Natriumchlorids, mit Ausnahme von Cäsiumchlorid, das eine Koordinationszahl von 8 aufweist.

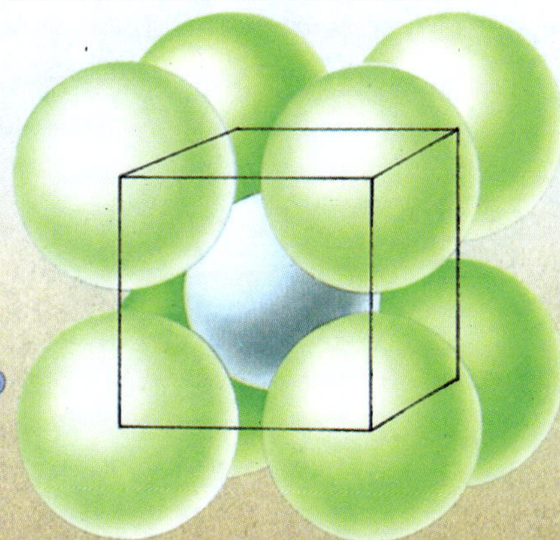

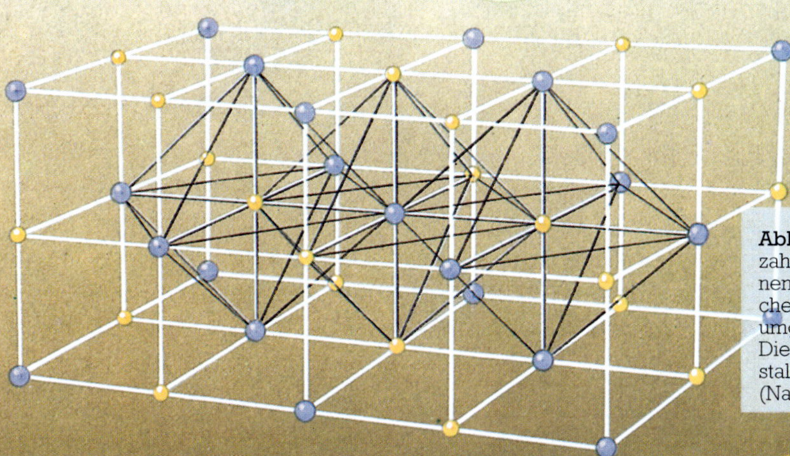

**Abb. 79.** Unter der Koordinationszahl versteht man die Anzahl von Ionen mit einem bestimmten Vorzeichen, die um das Zentralatom mit umgekehrtem Vorzeichen kreisen. Die Abbildung zeigt ein Ionenkristall mit der Koordinationszahl 6 (Natriumchlorid-Typ).

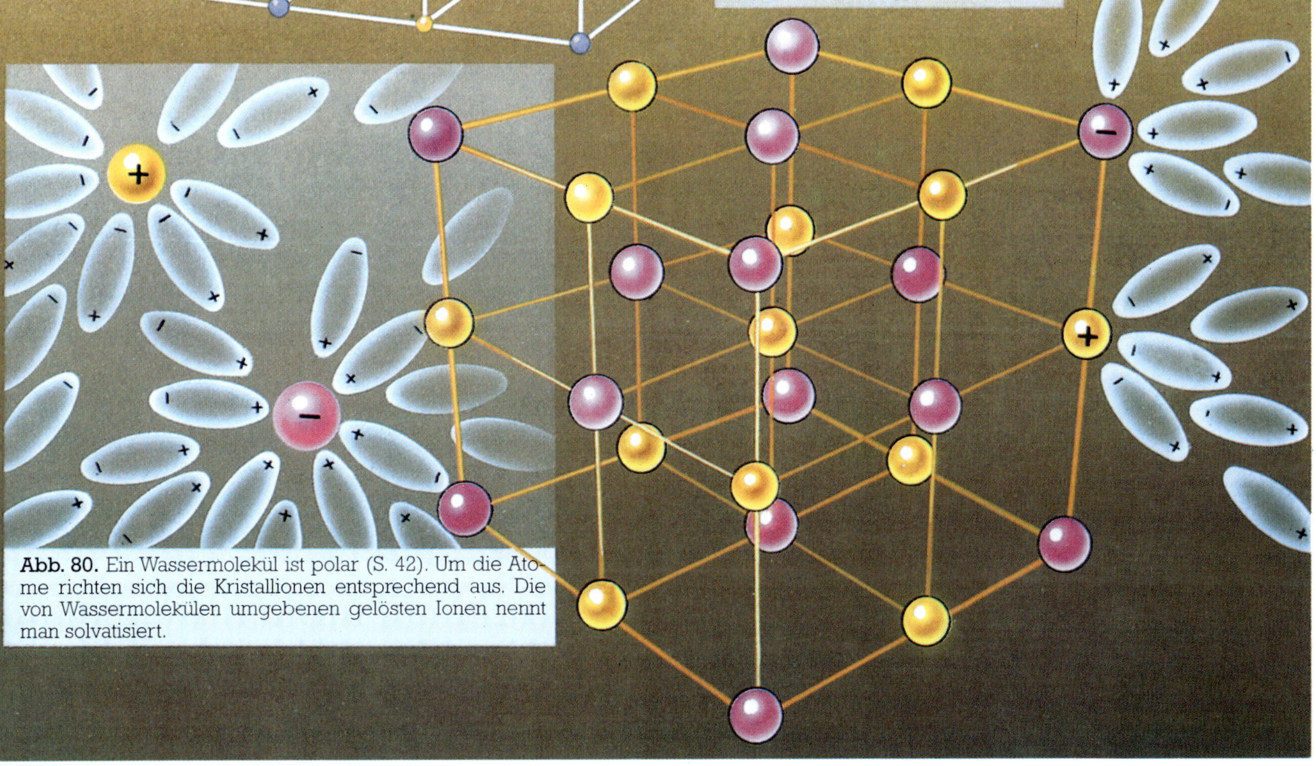

**Abb. 80.** Ein Wassermolekül ist polar (S. 42). Um die Atome richten sich die Kristallionen entsprechend aus. Die von Wassermolekülen umgebenen gelösten Ionen nennt man solvatisiert.

# Die Atombindung oder kovalente Bindung. Ihre Klassen

Ein so einfacher Übergang von Elektronen wie im Fall der Ionenverbindung ist zwischen Atomen nur dann möglich, wenn es sich um Elemente mit sehr unterschiedlicher Elektronegativität handelt. Wie kann man beispielsweise die Molekülbindung von diatomem Chlor, das aus zwei Atomen mit der gleichen Elektronegativität besteht, erklären? Woher stammt die Bindungskraft? Gilbert Newton Lewis (1875-1946), Professor an der Universität Kalifornien, konnte diese Fragen mit dem folgenden Modell klären:

Wenn wir davon ausgehen, daß Chlor das Bestreben hat, eine Edelgaskonfiguration zu erhalten, ist es vorstellbar, daß bei beiden Chloratomen ein wechselseitiger Elektronenübergang stattfindet, so daß sich beide Chloratome letztendlich ein *gemeinsames Elektronenpaar* teilen. Die Bindungselektronen befinden sich meist in dem Raum, der die beiden Kerne voneinander trennt und der folglich eine negativ geladene Elektronenwolke bildet. Die Bindungskraft kommt dadurch zustande, daß die positiven Kerne durch diese interatomare negative Wolke angezogen werden. Diese Bindungsart heißt *Atombindung* oder *kovalente Bindung* und kommt bei chemischen Verbindungen am häufigsten vor (Abb. 81).

## BINDUNGSPOLARITÄT

In dem vorherigen Beispiel waren die Elektronen gleich verteilt, und das Molekül erfuhr keine Polarisierung. Es gibt hingegen Moleküle mit Atombindungen, bei denen es zu einer gewissen Ladungstrennung kommt, da das elektronegativere Atom die Bindungselektronen stärker zu sich heranzieht. Man erhält ein polares Molekül. Der Polaritätsgrad eines Moleküls ist unter dem Namen des *Dipolmoments* bekannt.

## KOORDINIERTE ATOMBINDUNG

Relativ häufig kommt es vor, daß Bindungselektronen von zwei Atomen geteilt werden, aber näher zu dem einen Atom herangezogen werden. Man spricht dann von einer *koordinierten Atombindung*. (Abb. 83).

## VIELFACHE ATOMBINDUNGEN

Zwei Atome können sich mehr als nur ein Elektronenpaar teilen und bilden eine vielfache Atombindung. Teilen sie sich zwei Elektronenpaare, so sind sie durch eine Doppelatombindung verbunden. Sind sie durch drei Elektronenpaare verbunden, handelt es sich um eine *Dreifachatombindung*.

## RESONANZ

Es gibt polyatomare Moleküle, die sich nicht allein einer Elektronenstruktur zuordnen lassen. Sie können durch verschiedene Schreibweisen dargestellt werden, ohne daß eine davon in der Lage wäre, die experimentell nachgewiesenen Eigenschaften widerzuspiegeln. Unter der Bezeichnung Resonanz versteht man eine Zwischenformel unter allen möglichen Formeln. Die Darstellung dieses Zwischenstadiums nennt man *Hybridenresonanz*.

## EIGENSCHAFTEN KOVALENTER SUBSTANZEN

**1.** Da die Moleküle in jedem Aggregatzustand, ob fest oder gasförmig, unverändert bleiben, ist die zwischenatomare Bindung sehr stark.

**2.** Bei polaren Molekülen ist die Anziehungskraft schwach. Dies gilt bei Umgebungstemperatur für Gase oder Flüssigkeiten.

**3.** Da sich die Elektronen nur in der Bindung bewegen, sind sie weder wärmeleitfähig noch elektrisch leitfähig.

**4.** Sie sind allgemein in nichtpolaren Lösungsmitteln löslich.

**5.** Die Siedepunkte sind bei kovalenten Substanzen viel niedriger als bei Ionenbindungen. Gelegentlich, wie bei Diamant oder Quartz, bilden die Atome Atomkristalle von großer Festigkeit und mit sehr hohem Schmelzpunkt.

## SCHLUßBETRACHTUNGEN

Wie bereits erklärt, gibt es Atom- und Ionenbindung nicht in reiner Form. Ionenbindungen sind durch ihre Ionen charakterisiert, die sich, dadurch daß sie eng beieinander liegen, aufgrund elektrischer Kräfte gegenseitig anziehen. Die Aufteilung der Elektronen verleiht der Bindung ihre Kovalenz. Gleichzeitig bekommen kovalente Substanzen einen gewissen ionischen Charakter, da sie eine elektrische Ladungsverschiebung bewirken. Deshalb läßt sich sagen, daß die meisten Substanzen aufgrund der Elektronegativität ihrer Atome ionische oder kovalente Eigenschaften aufweisen.

Zwar können durch diese Betrachtungen einige Fragen gelöst werden, andere jedoch bleiben unbeantwortet. Es existiert die Theorie des viel allgemeineren molekularen Orbitales, die zur Lösung des Problems herangezogen werden kann. Ihre Untersuchung würde hier jedoch zu weit führen.

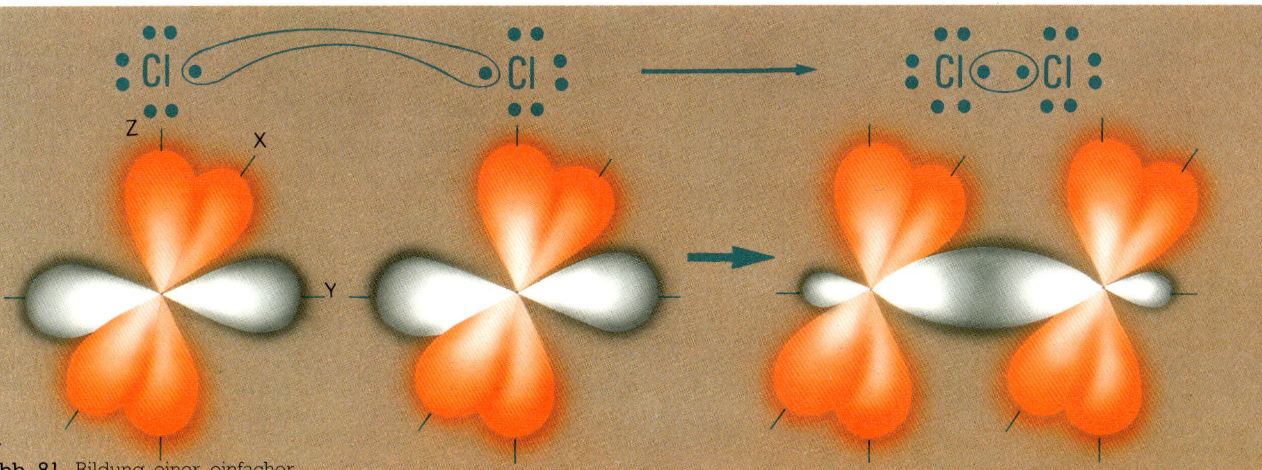


**Abb. 81.** Bildung einer einfacher Atombindungen im Chlormolekül. Die $p_Y$-Orbitale beider Atome, die halbbesetzt sind, überlagern sich und bilden ein neues, sogenanntes Valenzorbital. Die beiden Elektronen mit entgegengesetztem Spin gehören beiden Atomen gleichzeitig und sind für die Bindungskraft verantwortlich. Lewis gab der Einfachheit halber die Elektronen der Valenzschale mit Punkten um das Elementensymbol an.

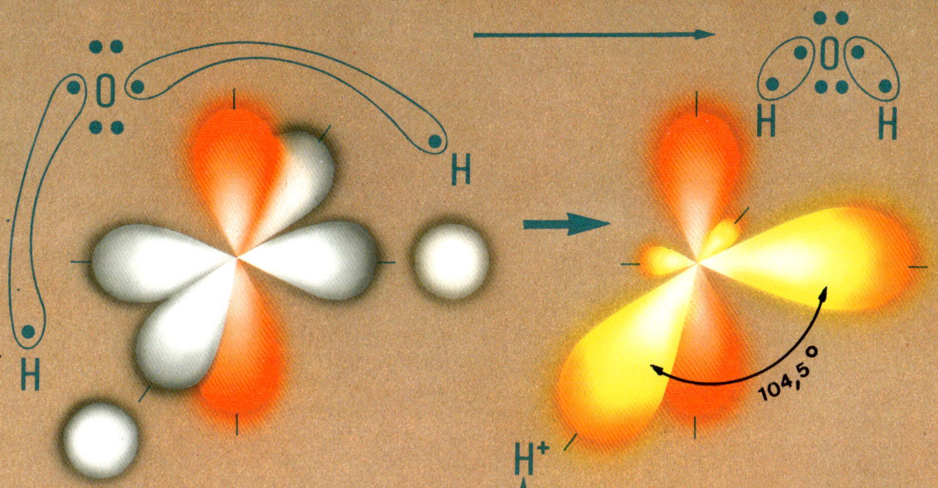


**Abb. 82.** Bindungen im Wassermolekül. Jedes Wasserstoffatom hat ein 1s-halbbesetztes Orbital, was sich jeweils mit den unvollständigen $p_x$ und $p_Y$ Orbitalen des Sauerstoffs überlappt. Die entstehenden Valenzorbitale halten die drei Kerne zusammen. Dennoch zieht das Sauerstoffatom die beiden Elektronenpaare stärker zu sich heran. Im allgemeinen nennt man die Fähigkeit der Atome, Elektronen anzuziehen, *Elektronegativität*. In diesem Fall spricht man vom elektronegativen Sauerstoffatom und vom elektropositiven Wasserstoffatom.

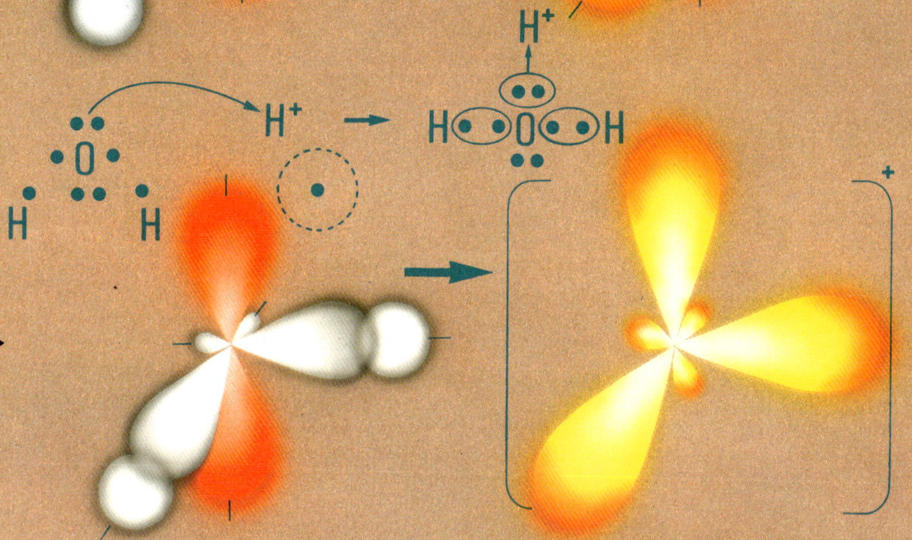


**Abb. 83.** Das Sauerstoffmolekül von Wasser hat ein komplettes $P_z$-Orbital mit zwei Elektronen, das es mit einem positiven Wasserstoffion (dem sie fehlen) teilt. Es entsteht bei der Bildung des Hydroniumions ($H^3O^+$) eine polare Bindung.

**Abb. 84.** Vielfache Bindung im Äthylenmolekül. In jedem Kohlenstoffatom verbindet sich ein 2s-Orbital mit zwei 2p-Orbitalen ($2p_X$, $2p_Y$). Es entstehen drei halbbesetzte Orbitale mit gleichviel Energie, genannt *sp²*-Hybriden. Jedes Hybrid bildet eine Atombindung, wie die Abbildung zeigt. Diese Bindungen heißen σ-Bindungen, nach der Form der Überlappungslinien. Die $p_z$-Orbitale jedes Atoms, die senkrecht zu den Orbitalen davor liegen, überlappen sich an den Seiten und bilden eine Bindung π.

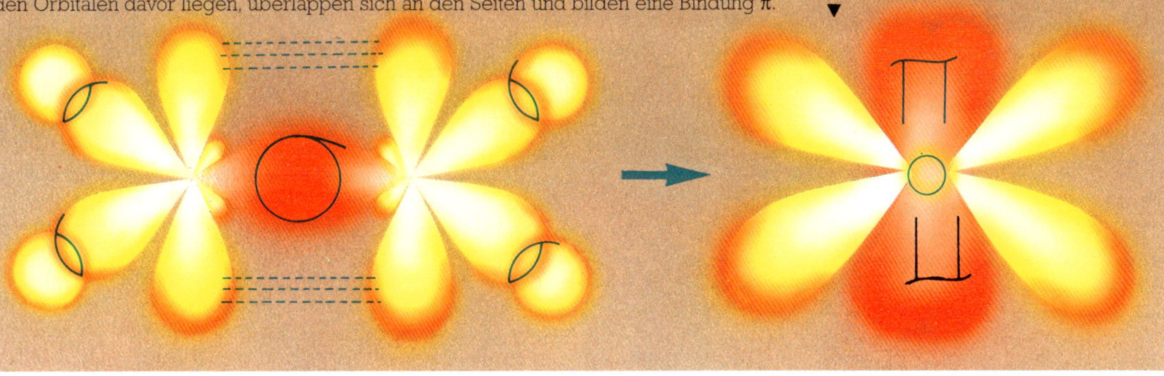

# Intermolekulare Kräfte

## METALLBINDUNG

Die Modelle der Ionen- und der Atombindung können die Eigenschaften der Metalle wie mechanische Festigkeit, elektrische Leitfähigkeit etc. nicht erklären. Deshalb mußte ein neues Modell gefunden werden, das mit dem Verhalten dieser Elemente übereinstimmte. Der holländische Physiker Hendrik Antoon Lorentz (1853-1928) entwarf diesbezüglich eine Theorie, die der Physiker Arnold Sommerfeld (1868-1951) später bestätigte. Metallatome spalten demnach ihre Valenzelektronen leicht ab, werden so zu positiven Ionen und erreichen damit die energetisch stabile Edelgaskonfiguration. Das Ergebnis ist eine Bindung zwischen positiven Metallatomrümpfen und frei beweglichen Valenzelektronen. Die Metallionen ordnen sich zu einer kristallinen Struktur, die von einer Elektronenwolke oder *einem Elektronengas* umgeben ist. Die sich bewegenden Elektronen sind für die elektrische Leitfähigkeit der Metalle verantwortlich (Abb. 85).

## ALLGEMEINE EIGENSCHAFTEN VON METALLEN

**1.** Sie haben metallischen Glanz.

**2.** Sie haben eine gute elektrische und thermische Leitfähigkeit, was auf die Verschiebung ihrer Valenzelektronen zurückzuführen ist.

**3.** Sie haben im allgemeinen hohe Schmelz- und Siedepunkte.

**4.** Sie besitzen im allgemeinen eine hohe mechanische Festigkeit, sind schmiedbar und bearbeitbar.

## HYDROGENBINDUNG

Es gibt nicht nur Bindungen zwischen Atomen, sondern auch, wenn auch schwächer, zwischen Molekülen. Ein Beispiel dafür ist die Wasserstoffbindung oder Wasserstoffbrückenbindung.

Befindet sich Wasserstoff in einer Atombindung mit einem elektronegativen Atom, so entsteht in der Bindung eine Polarität, die ihr in gewissem Anteil Ionencharakter verleiht. Der Wasserstoff hat dabei eine positive elektrische Ladung und wird von dem Elektronenpaar eines elektronegativen Atoms angezogen, mit dem er die Bindung eingeht. Das elektronegative Atom muß ein kleines Volumen haben, damit seine Ladungsdichte groß sein kann und damit es zu der vom Wasserstoffatom benötigten elektrostatischen Anziehungskraft kommt. Das ist der Fall bei Fluor, Sauerstoff und Stickstoff (Abb. 88). Chlor könnte beispielsweise aufgrund seines großen Volumens niemals eine solche Bindung eingehen.

## ALLGEMEINE EIGENSCHAFTEN

1. Wasserstoffbindungen treten bei Gasen wie Wasserstofffluorid, Flüssigkeiten wie Wasser und Feststoffen wie Eis auf.

2. Im Vergleich zu anderen kovalenten Molekülen, die diese zusätzliche Bindung nicht aufweisen, haben Moleküle und Wasserstoffbindungen außergewöhnlich hohe Schmelz- und Siedepunkte. So ist Wasser ($H_2O$) bei normaler Temperatur und normalem Druck flüssig, während Schwefelwasserstoff ($H_2S$), der aufgrund des großen Schwefelatoms keine Wasserstoffbrückenbindung bildet, unter den gleichen Bedingungen gasförmig ist.

## INTERMOLEKULARE KRÄFTE

Wir haben soeben intermolekulare Kräfte wie *Wasserstoffbrückenbindungen* kennengelernt. Bei der Atombindung haben wir die Polarität einiger Moleküle festgestellt: So ist es nicht verwunderlich, daß sich Pole mit entgegengesetztem Vorzeichen anziehen und eine intermolekulare Kraft entstehen lassen, die sich *Dipol-Dipol-Kraft* nennt. Andere intermolekulare Kräfte wurden von London beschrieben. Sie entstehen, wenn sich in einem Atom zeitweise ein Dipol bildet, das einen anderen Dipol in einem benachbarten Atom induziert und so weiter. Diese intermolekularen Kräfte kurzer Reichweite nennt man *Van-der-Waalsche-Kräfte*.

**Abb. 85.** Metallbindung. Die positiven Ionen werden mit Hilfe von im Raum verteilten Kugeln dargestellt, die ein kristallines Netz bilden. Für die Neutralität sorgen die Elektronen, die sich sowohl außerhalb des Kristalls frei bewegen als auch in den Kristallzwischenräumen. Sie bilden das *Elektronengas*, das die Kationen vereint.

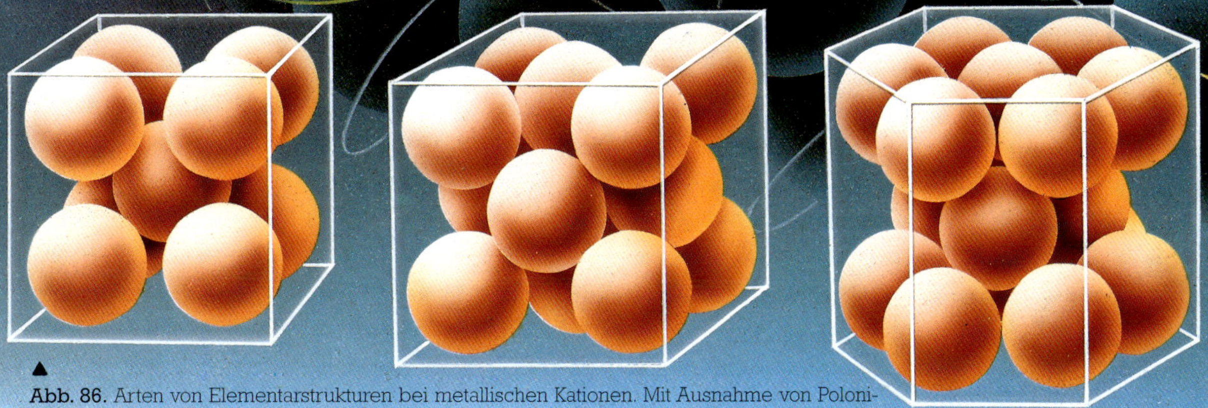

**Abb. 86.** Arten von Elementarstrukturen bei metallischen Kationen. Mit Ausnahme von Polonium, das eine einfach-primitive kubische Elementarzelle besitzt (vier Kationen in den Ecken eines Würfels), lassen sich die übrigen Metalle folgendermaßen einteilen: a) würfelförmige Packung, im Körper zentriert (Li, Na, K, Ba, V, Mo, etc.), b) würfelförmige allseitig-flächenzentrierte Packung, (Au, Cu, Ni, Al, etc.), c) hexagonale kompakte Packung (Mg, Zn, Cd, Ir, Ti, etc.).

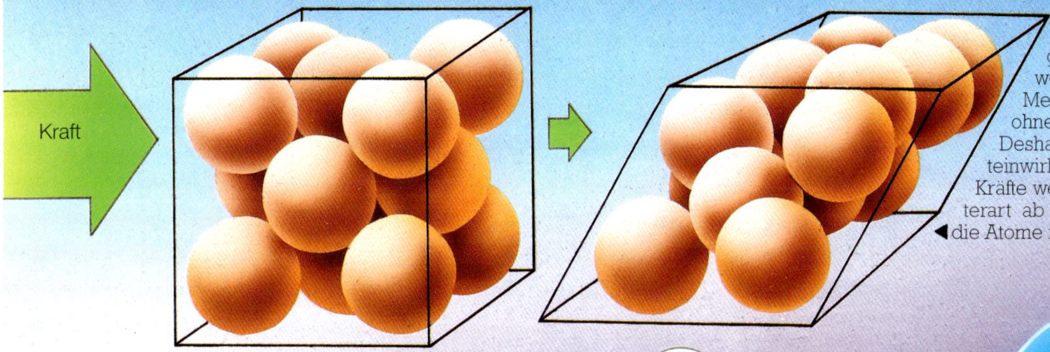


**Abb. 87.** Die metallischen Eigenschaften lassen sich erklären, wenn man bedenkt, daß sich die Metallionen übereinanderschieben, ohne ihren Abstand zu verändern. Deshalb können sie beachtliche Krafteinwirkungen tolerieren. Wie stark die Kräfte werden dürfen, hängt von der Gitterart ab und davon, wieviel Elektronen die Atome im Elektronengas haben.

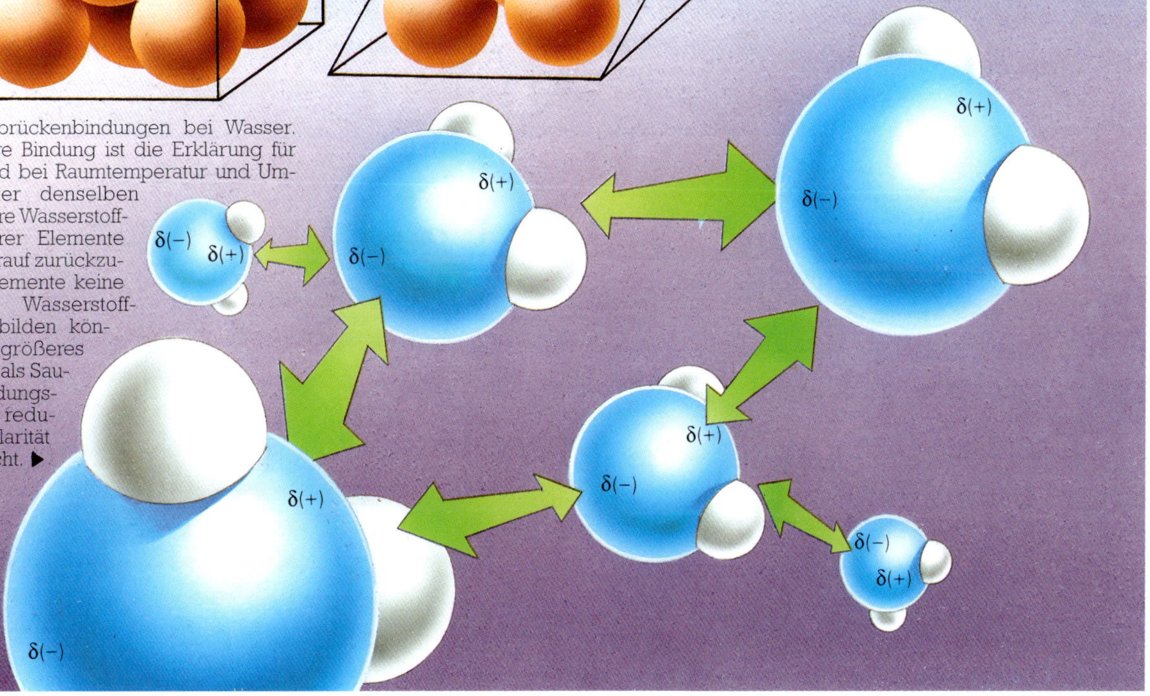


**Abb. 88.** Wasserstoffbrückenbindungen bei Wasser. Diese intermolekulare Bindung ist die Erklärung für den flüssigen Zustand bei Raumtemperatur und Umgebungsdruck. Unter denselben Umständen sind binäre Wasserstoffverbindungen anderer Elemente gasförmig. Das ist darauf zurückzuführen, daß diese Elemente keine intermolekularen Wasserstoffbrückenbindungen bilden können, da sie ein viel größeres Atomvolumen haben als Sauerstoff und ihre Ladungsdichte beträchtlich reduziert wird, was die Polarität des Moleküls schwächt.

# Benennung und Schreibweise: Anorganische Chemie (I)

Die Form, in der Dalton Elemente und Verbindungen dargestellt hatte (Abb. 16), war schwierig zu zeichnen und auch schwer nachzuvollziehen. Jöns Jacob Berzelius (1779-1848), ein schwedischer Chemiker, regte 1918 an, daß jedes Element den Anfangsbuchstaben seiner lateinischen Bezeichnung als Großbuchstabe tragen sollte, gefolgt von dem zweiten Buchstaben des Wortes als Kleinbuchstabe, falls mehrere Elemente mit einem Buchstaben anfangen. Zur Darstellung von Verbindungen schlug er vor, die Symbole der beteiligten Elemente zu verwenden und mit Hilfe von tiefgestellten Indices anzugeben, ob ein Molekül aus mehreren Atomen zusammengesetzt ist. Dalton widersprach diesem Vorschlag und zog sein eigenes System vor, aber die Wissenschaft akzeptierte die von Berzelius vorgeschlagenen Symbole, die viel einleuchtender und einfacher schienen.

Im Jahre 1852 stellte der englische Chemiker Edward Frankland (1825-1899) fest, daß jede Atomart die Fähigkeit hatte, sich immer nur mit einer ganz bestimmten Anzahl anderer Atome verbinden zu können, was er Wertigkeit nannte. Heute sagen wir, daß die Wertigkeit eines Elements durch die Anzahl der Wasserstoffatome festgelegt ist, die sich mit einem Atom des besagten Elements verbinden oder die durch dieses Atom ersetzt werden. So hat Sauerstoff eine Wertigkeit von 2, da es sich mit zwei Atomen des Wasserstoffs verbindet, um Wasser ($H_2O$) zu bilden. Natrium hat eine Wertigkeit von 1, weil jedes Atom dieses Metalls ein Sauerstoffatom binden kann, um Natriumoxid ($Na_2O$) zu bilden.

Die chemischen Verbindungen der mineralischen Welt nennt man *anorganisch*. Mit ihrer Erforschung befaßt sich die Anorganische Chemie. Um die für die Benennung und Schreibweise der Anorganischen Chemie wichtigen Kriterien zu vereinheitlichen, wurde 1921 die Kommission zur Erforschung der Nomenklatur der Anorganischen Chemie innerhalb der IUPAC gegründet (International Union of Pure and Applied Chemistry). Diese Institution hat über mehrere Jahre hinweg Normen für die Benennung festgelegt, die wir kurz vorstellen. Diese Übereinkunft sieht einen *systematischen Namen* für jede Verbindung vor, in dem Art und Anteile der beteiligten Elemente angegeben sind. Diese Anteile werden durch numerische Vorsilben erkennbar.

Auch die *Stocksche* Bezeichnungsweise, die die Wertigkeit des Elements in der Verbindung angibt, ist verbreitet.

Formeln sind dann *empirisch,* wenn sie die stöchiometrische Zusammensetzung der Verbindung in der einfachsten Form ausdrücken, z.B.: Natriumchlorid NaCl. Drückt die Formel die wirkliche Anzahl von Atomen im Molekül des Elements aus, spricht man von *Molekülformeln,* z.B. Wasser $H_2O$. Kommt die räumliche Anordnung der Atome zum Ausdruck, spricht man von *Strukturformeln,* z. B. Wasserstofftrioxocarbonat (IV).

## OXIDE

Oxide sind binäre Verbindungen eines Elements mit Sauerstoff. Sie können außerdem metallisch oder nichtmetallisch (früher nannte man sie Anhydride) sein. Da Sauerstoff nach Fluor das elektronegativste Element ist, haben Metalloxide allgemein einen ausgeprägten Ionencharakter. Abb. 90 zeigt ihre Benennung und ihre Schreibweise.

## PEROXIDE

Peroxide sind binäre Verbindungen, die aus einer Peroxidgruppe, -O-O-($O_2^{2-}$) und einem sehr elektropositiven Element bestehen. Zum Beispiel Wasserstoffperoxid $H_2O_2$ (sauerstoffhaltiges Wasser), Calciumdioxid oder Calciumperoxid $CaO_2$.

## HYDROXIDE

Hydroxide zeichnen sich durch ihre sogenannten Hydroxidionen, $OH^-$-Ionen, aus. Ihre Schreibweise wird in Abb. 91 dargestellt.

## BINÄRE WASSERSTOFFVERBINDUNGEN

So nennt man Verbindungen, die aus der Verbindung von Wasserstoff mit einem anderen Element hervorgehen. Sie können metallisch oder nichtmetallisch sein (Abb. 92). Die Verbindungen von Wasserstoff mit Halogenen (Gruppe VII) und mit Chalkogenen (Gruppe VI), außer Sauerstoff, haben in wäßriger Lösung sauren Charakter. Aus diesem Grund nennt man sie Hydrazide. Zur Herstellung solcher Verbindungen reagieren Halogene mit der Wertigkeit I und Chalkogene mit der Wertigkeit II.

## EINIGE HYBRIDE MIT EIGENNAMEN

| Formel | Systemnamen | Allgemeine Bezeichnung |
|---|---|---|
| $NH_3$ | Stickstoff-trihydrid | Ammoniak |
| $CH_4$ | Kohlenstoff-tetrahydrid | Methan |
| $PH_3$ | Phosphor-trihydrid | Phosphin |
| $AsH_3$ | Arsen-trihydrid | Arsin |
| $SbH_3$ | Antimon-trihydrid | Stibin |
| $SiH_4$ | Silicium-tetrahydrid | Silan |
| $C2H_4$ | Distickstoff-tetrahydrid | Hydrazin |

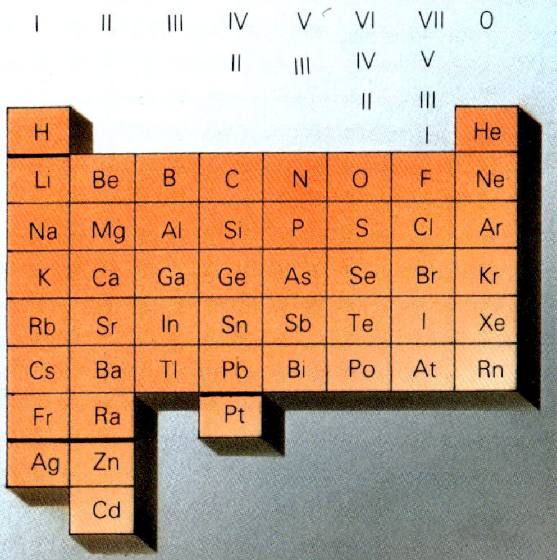


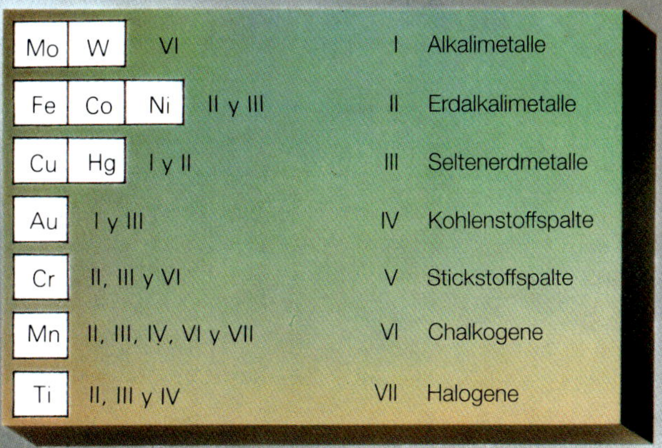


**Abb.** [illegible] tes Periodensystem der Elemente. Die jeweiligen Wertigkeiten der Elemente sind über jeder Spalte angegeben. Ausnahmen sind: Sauerstoff, der bei Reaktionen immer die Wertigkeit II hat, Fluor mit einer Wertigkeit von I, Stickstoff mit Wertigkeiten von I,II,III,IV und V, Brom mit I und V und Jod mit I, V und VII. Dicke schwarze Linien trennen die Elementsymbole ab, die nicht zur Gruppe gehören, aber dennoch die gleiche Wertigkeit besitzen. Die Tabelle rechts enthält Elemente, die nicht in die Tabelle hineinpassen, deren Wertigkeit man jedoch kennen sollte. Rechts daneben findet man die Namen der Elementfamilien jeder Gruppe.

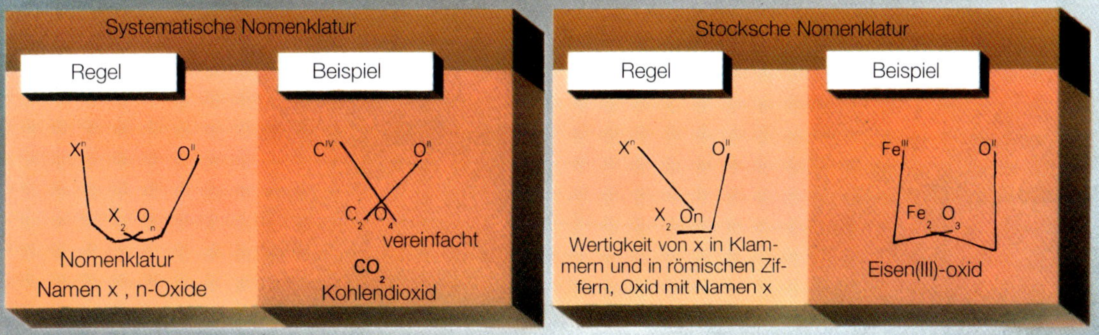


**Abb. 90.** Benennung und Schreibweise von Oxiden. Bestehen die Indexe aus geraden Ziffern, muß vereinfacht werden. Binäre Verbindungen, die Sauerstoff mit metallischen Elementen eingeht, heißen basische Oxide.

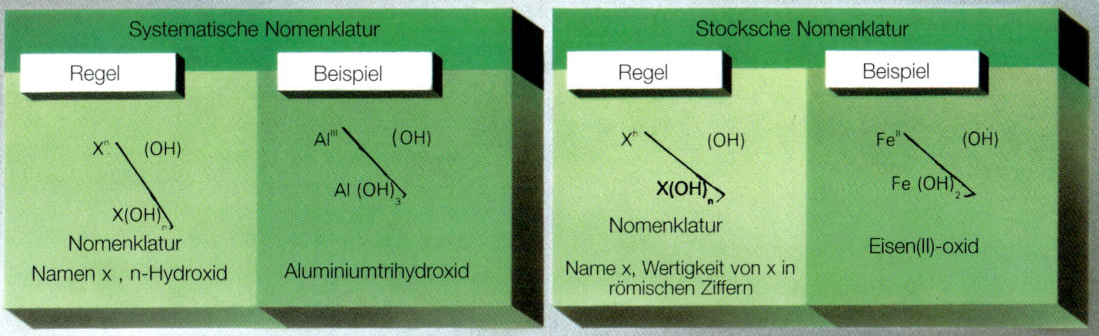


**Abb. 91.** Benennung und Schreibweise von Hydroxiden, auch Basen genannt. Bei n=1 wird die Klammer um die OH-Gruppe weggelassen (Bsp.: Natriumhydroxid NaOH).

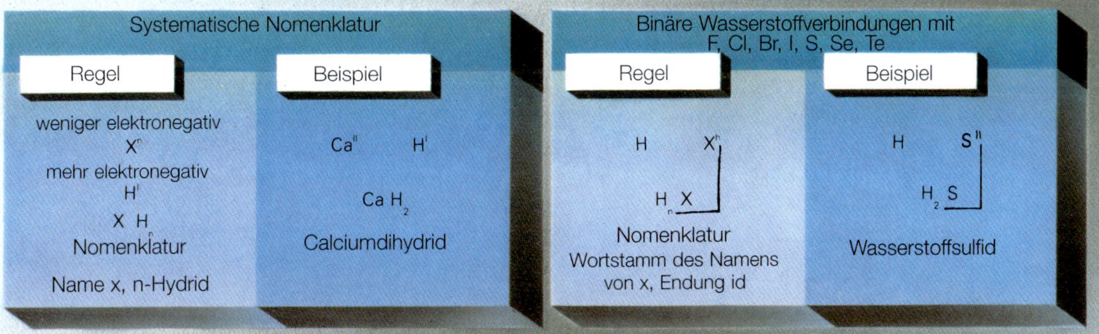


**Abb. 92.** Binäre Wasserstoffverbindungen. Entsprechende Verbindungen bei Halogenen und Chalkogenen haben in wäßriger Lösung sauren Charakter (Hydrazide). An den Wortstamm des Elements wird die Endung -hydrid gehängt. Im Beispiel rechts spricht man von der Verbindung Schwefelhydridsäure.

# Benennung und Schreibweise: Anorganische Chemie (II)

## OXIDATIONSZAHL

Sie dient als rein theoretisches Instrument für die Aufstellung chemischer Formeln und Gleichungen und gibt die elektrische Ladung an, die ein Atom eines Elements in einer Verbindung besitzen würde, wenn die Elektronen jeder Bindung dieses Atoms dem jeweils stärker elektronegativen Atom zugeordnet werden. Im elementaren Zustand haben die Atome die Oxidationszahl Null. Bei Wasser ($H_2O$) ist die Oxidationszahl von Sauerstoff -2, da es zwei Elektronen aufnimmt, von jedem Wasserstoffatom eines. Die Oxidationszahl von Wasserstoff ist +1, da es sein Elektron an das elektronegativere Sauerstoff abgibt. Um die Oxidationszahl eines Elements in einer bestimmten Verbindung zu bestimmen, sollte folgendes beachtet werden:

**1.** Die Oxidationsstufe von Molekülen ist Null.

**2.** Da Sauerstoff nach Fluor das elektronegativste Element ist, beträgt seine Oxidationszahl -2, mit Ausnahme seiner Verbindung mit Fluor, bei der seine Oxidationszahl +2 beträgt.

**3.** Die Oxidationszahl von Wasserstoff ist +1, mit Ausnahme der Metallhydride, wo seine Oxidationszahl -1 beträgt.

4. Die Oxidationszahl von Einelementverbindungen ist gleich Null.

## MONOATOMARE KATIONEN

Sie tragen die gleiche Bezeichnung wie die entsprechenden Elemente, jedoch fügt man das Wort *-ion* oder *-kation* an. Sind bei einem Element mehr als nur eine Oxidationsreaktion möglich, muß die Schreibweise von Stock angewandt werden, z.B. Calcium (II)- Ion $Ca^{2+}$, Eisen (III)-ion $Fe^{3+}$.

## POLYATOMARE KATIONEN

Ihre Bezeichnung beinhaltet die beteiligten Elemente sowie die numerischen Vorsilben, die deren Anteile angeben. Sauerstoff wird immer mit dem Wort *-oxo* bezeichnet (Abb. 93)

## MONOATOMARE ANIONEN

Sie übernehmen die Bezeichnung des entsprechenden Elements, hängen jedoch das Suffix *-id* an. Der Bezeichnung wird das Wort *-ion* nachgestellt, z.B. Fluoridion $F^-$, Sulfidion $S^{2-}$.

## POLYATOMARE ANIONEN

Sie zeichnen sich im allgemeinen durch ein Zentralatom aus, das mit Atomen oder Atomkomplexen der *Liganden* verbunden ist. Zuerst werden die Liganden durch Anhängen eines »o« an den Ionennamen bezeichnet. Dann folgt das Zentralatom mit der Endung *-at*. Um Sauerstoff und Schwefel zu benennen, werden jeweils Silben wie *-oxo* und *-tio* verwendet (Abb. 94).

## SAUERSTOFFSÄUREN

Hierbei handelt es sich um tertiäre Verbindungen, die der allgemeinen Formel $H_n X_m O_p$ entsprechen. Vor der Anionenformel stehen so viele Wasserstoffatome wie ihre Ladung angibt. Sie heißen wie das entsprechende Anion. Das Wort Wasserstoff geht voraus (Abb. 95).

## SALZE

Salze sind Verbindungen aus Kationen und Anionen, z.B. NaCl (besteht aus dem Kation $Na^+$ und dem Anion $Cl^{-}$).

## NEUTRALSALZE

Bei Neutralsalzen wurden alle Wasserstoffatome durch Kationen ersetzt. Ihre Bezeichnung trägt an erster Stelle das positive Ion, gefolgt von dem Anion (Abb. 96).

## HYDROGENSALZE

Hydrogensalze enthalten in ihrem Molekül Wasserstoffatome, die durch Kationen ersetzt werden können, z. B. Kaliumhydrogensulfat $KHSO_4$ und Di-Natriumhydrogenphosphat $Na_2HPO_4$.

## DOPPELSALZE, TRIPELSALZE....

Diese Salze enthalten mehr als ein Kation, mehr als ein Anion oder mehr als eines von beiden gleichzeitig. Ihre Bezeichnung trägt zuerst die Kationen, dann die Anionen alphabetisch geordnet und durch Bindestrich getrennt. Besitzt das Salz mehr als zwei Kationen im Molekül, können dieser Bezeichnung die Wörter Doppel, Tripel etc. vorausgehen, z.B. Calcium-Kalium-Doppelfluorid $CaKF_3$, Brom-Chlor-Tripelfluorid von Kalium -Lithium-Natrium: KLiNaBrClF.

## BASISCHE SALZE

Sie bestehen aus einem Doppelsalz mit zwei Anionen, darunter einem Hydroxidanion $OH^-$. Beispiel: Kupferdichlorid-Trihydroxid $Cu_2Cl(OH)_3$.

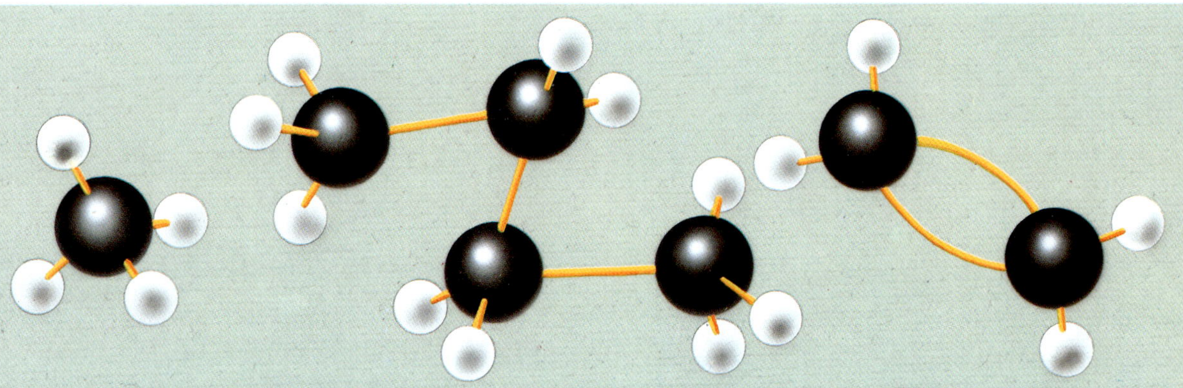

| | METHAN | BUTAN | ETHAN |
|---|---|---|---|
| ALLGEMEINE FORMEL | $CH_4$ | $C_4H_{10}$ | $C_2H_4$ |
| SUMMENFORMEL | $CH_4$ | $CH_3$-$CH_2$-$CH_2$-$CH_3$ | $CH_2 = CH_2$ |
| STRUKTURFORMEL | H-C(H)(H)-H | H-C(H)(H)-C(H)(H)-C(H)(H)-C(H)(H)-H | H₂C = CH₂ (H, H \ C = C / H, H) |

**Abb. 97.** Methan-, Butan- und Ethanmoleküle. Es gibt drei Möglichkeiten, sie darzustellen: als allgemeine Formel, als Summenformel und als Strukturformel.

| ALLGEMEINE FORMEL | SUMMENFORMEL | BEZEICHNUNG |
|---|---|---|
| $CH_4$ | $CH_4$ | METHAN |
| $C_2H_6$ | $CH_3$-$CH_3$ | ETHAN |
| $C_3H_8$ | $CH_3$-$CH_2$-$CH_3$ | PROPAN |
| $C_4H_{10}$ | $CH_3$-$CH_2$-$CH_2$-$CH_3$ | BUTAN |
| $C_5H_{12}$ | $CH_3$-$CH_2$-$CH_2$-$CH_2$-$CH_3$ | PENTAN |
| $C_6H_{14}$ | $CH_3$-$CH_2$-$CH_2$-$CH_2$-$CH_2$-$CH_3$ | HEXAN |

**Abb. 98.** Tabelle der ersten sechs Alkanverbindungen.

| ALLGEMEINE FORMEL | BEZEICHNUNG | ALLGEMEINE FORMEL | BEZEICHNUNG |
|---|---|---|---|
| $C_{10}H_{22}$ | DEKAN | $C_{30}H_{62}$ | TRIACONTAN |
| $C_{11}H_{24}$ | UNDEKAN | $C_{40}H_{82}$ | TETRACONTAN |
| $C_{12}H_{26}$ | DODEKAN | $C_{50}H_{102}$ | PENTACONTAN |
| $C_{13}H_{28}$ | TRIDEKAN | | |
| $C_{14}H_{30}$ | TETRADEKAN | | |
| $C_{20}H_{42}$ | EICOSAN | $C_{100}H_{202}$ | HECTAN |
| $C_{21}H_{44}$ | HENEICOSAN | | |
| $C_{22}H_{46}$ | DOCOSAN | | |
| $C_{23}H_{48}$ | TRICOSAN | $C_{200}H_{402}$ | DOHECTAN |

**Abb. 99.** Tabelle der Alkanreihe: Die IUPAC legte 1979 den Namen für die Kohlenstoffverbindung bestehend aus 20 Kohlenstoffatomen fest. Vorher nannte sie sich Eicosan.

**Abb. 100. a)** geradkettiger Kohlenwasserstoff, b) verzweigter azyklischer, c) homozyklischer Kohlenwasserstoff, d) heterozyklischer und f) polyzyklischer Kohlenwasserstoff

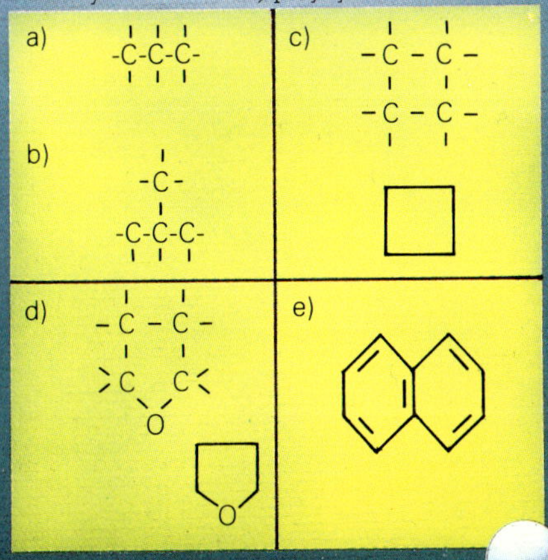


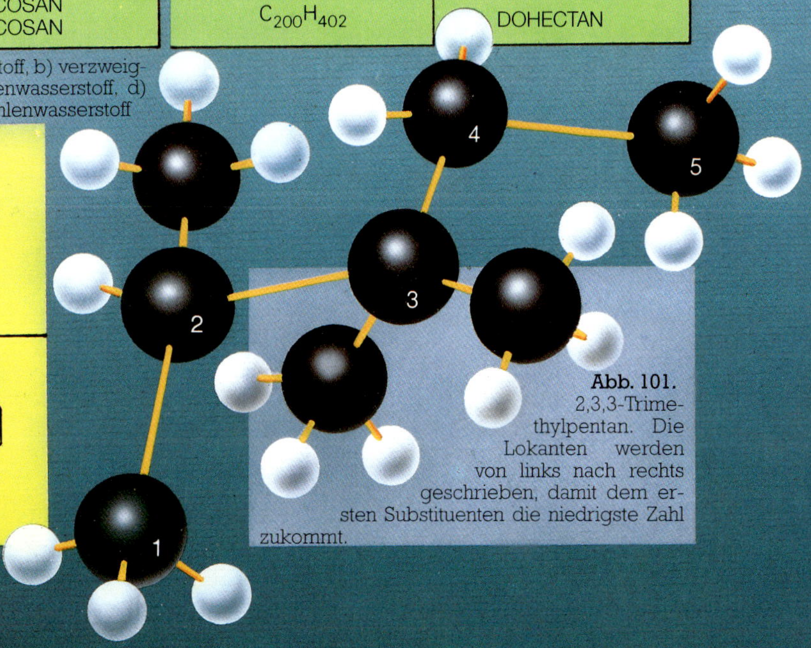


**Abb. 101.** 2,3,3-Trimethylpentan. Die Lokanten werden von links nach rechts geschrieben, damit dem ersten Substituenten die niedrigste Zahl zukommt.

# Benennung und Schreibweise: Organische Chemie (II)

## UNGESÄTTIGTE KOHLENWASSERSTOFFE. ALKENE

Alkene sind Verbindungen, die eine oder mehrere Kohlenstoff-doppelbindungen im Molekül enthalten. Ihre allgemeine Formel lautet $C_nH_2n$. Enthalten sie nur eine Doppelbindung, wird die längste Kette als Hauptkette angesehen. Alkene werden durch die Endung *-en* gekennzeichnet. Die niedrigste Ziffer des Lokanten steht davor, abgetrennt durch einen Bindestrich. Liegen mehrere Doppelbindungen vor, wird als Hauptkette die Kette mit den meisten Doppelbindungen gewählt, auch wenn sie möglicherweise nicht die längste ist. Ihre Benennung erfolgt durch Anhängen der Endung *-dien, -trien*, etc., je nach Anzahl der Doppelbindungen. Voraus gehen die Ziffern der entsprechenden Lokanten (Abb. 102).

## UNGESÄTTIGTE KOHLENWASSERSTOFFE. ALKINE

Sie enthalten eine Kohlenstoff-Kohlenstoff-Dreifachbindung im Molekül. Ihre allgemeine Formel lautet $C_nH_{2n-2}$. Ihre Benennung erfolgt nach dem gleichen Schema wie zuvor beschrieben, ihr Name ist jedoch durch die Endung *-in* gekennzeichnet (Abb. 103).

## DOPPEL-UND DREIFACHBINDUNGEN

Als Hauptkette einer Verbindung mit Doppel- und Dreifachbindungen wird die Kette gewählt, die die *meisten ungesättigten* Bindungen aufweist. Die Kohlenstoffatome der Kette werden durchgezählt; zur Auffindung der Lokanten wird den ungesättigten Bindungen der niedrigste Wert zugewiesen, ungeachtet dessen, ob es sich um Doppel- oder Dreifachbindungen handelt. Zur Benennung dieser Verbindungen werden zuerst die Doppel-, dann die Dreifachbindungen genannt.

## ZYKLISCHE KOHLENWASSERSTOFFE

Zyklische Kohlenwasserstoffe sind geschlossene geradkettige Kohlenwasserstoffe, die zwei Wasserstoffatome am Ende der Kette verloren haben. Ihre allgemeine Formel lautet: $C_nH_{2n}$. Ihre Benennung ähnelt der Benennung der ihnen zugrundeliegenden gesättigten Kohlenstoffe, allerdings mit der Vorsilbe *Cyclo-*. Besitzt das Molekül mehrere Substituenten, werden ihm insgesamt die niedrigsten Zahlen zugewiesen. Besitzt die zyklische Verbindung ungesättigte Ketten, werden diese mit besonderer Beachtung der Doppel- und Dreifachbindungen numeriert (Abb. 105).

## AROMATISCHE KOHLENWASSERSTOFFE

Aromatische Kohlenwasserstoffe sind Abkömmlinge des 1,3,5-*Cyclohexatriens,* das landläufig als *Benzol* bekannt ist. Aufgrund ihrer speziellen Eigenschaften werden sie als eigenständige Gruppe behandelt. Existiert nur ein Radikal, erhalten sie die Bezeichnung des Substituenten, verbunden mit dem Wort *Benzol.* Gibt es zwei Substituenten, wird ihre Position durch Zahlen (1,2), (1,3) oder (1,4) angegeben; ihr Name kann auch mit einer Vorsilbe wie *orto, meta* und *para* beginnen (Abb.106). Bei mehr als zwei Substituenten werden sie so numeriert, daß sie den niedrigsten Lokanten entsprechen und werden dann alphabetisch geordnet. Bei mehreren Möglichkeiten wird der alphabetischen Reihenfolge Vorrang eingeräumt.

## HALOGENDERIVATE

Halogenderivate sind Verbindungen mit *Halogen-Kohlenwasserstoffbindungen*. Sie werden nach dem Kohlenstoff benannt, aus dem sie hervorgehen. Ihre Vorsilbe gibt das gebundene Halogen und die Anzahl seiner Atome an. Gibt es im Molekül mehrere Radikale, wird das Halogen als ein weiteres Radikal angesehen. Alle Radikale werden alphabetisch geordnet. Dabei muß berücksichtigt werden, daß die *ungesättigten Bindungen Vorrang vor den Halogenen haben.*

## SAUERSTOFFVERBINDUNGEN

### Alkohole

Alkohole sind Verbindungen, bei denen ein Wasserstoffatom durch eine *OH-Gruppe* ersetzt wurde. Man unterscheidet zwischen *primären, sekundären* und *tertiären* Alkoholen, je nach Art des Kohlenstoffatoms und je nach Position der Bindung. Sie werden mit der Endsilbe *-ol* gekennzeichnet. Die Hauptkette enthält die meisten Kohlenstoffatome und die *funktionelle Gruppe,* die bei der *Numerierung Vorrang gegenüber Radikalen und ungesättigten Bindungen hat.* Sie können auch den Namen des Radikals, gefolgt von dem Wort Alkohol, tragen. Besitzt ein Alkohol mehrere OH-Gruppen, ist die Hauptkette die Kette mit den meisten OH-Gruppen. Zur Bezeichnung der Anzahl von *OH-Gruppen* werden die Endungen *- diol, -triol* etc. verwendet (Abb. 108). Die funktionelle Gruppe hat bei der Numerierung gegenüber den Phenol-, Amin- und Ether-Gruppen (siehe S. 53) Vorrang.

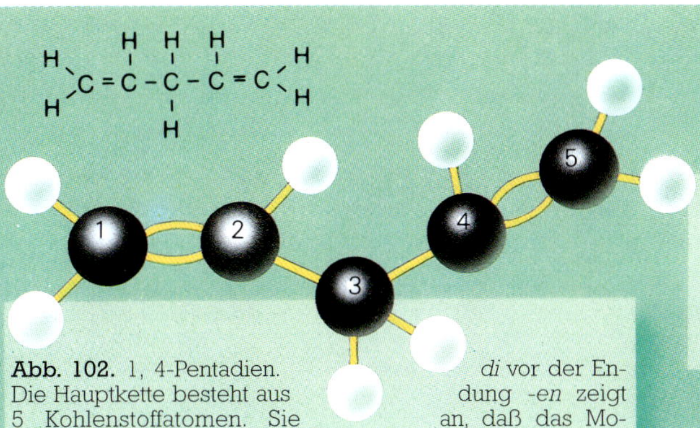

**Abb. 102.** 1, 4-Pentadien. Die Hauptkette besteht aus 5 Kohlenstoffatomen. Sie werden so numeriert, daß die Lokanten der Doppelbindungen die niedrigste Zahl aufweisen. Das Präfix - *di* vor der Endung *-en* zeigt an, daß das Molekül zwei Doppelbindungen besitzt.

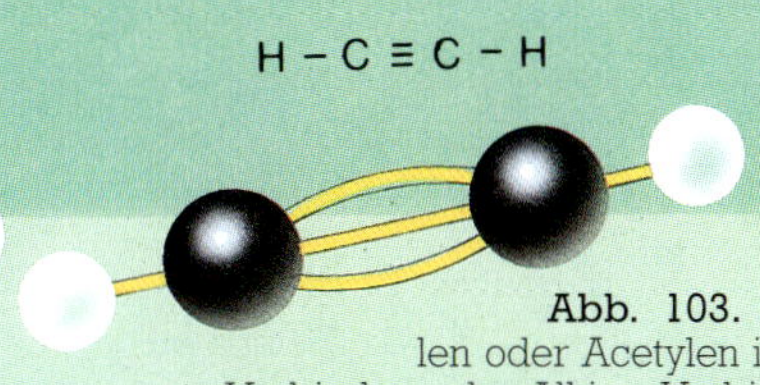

**Abb. 103.** Ethylen oder Acetylen ist die erste Verbindung der Alkine. Verbindungen mit Dreifachbindung zwischen zwei Kohlenstoffatomen heißen auch *Acetylenverbindungen.*

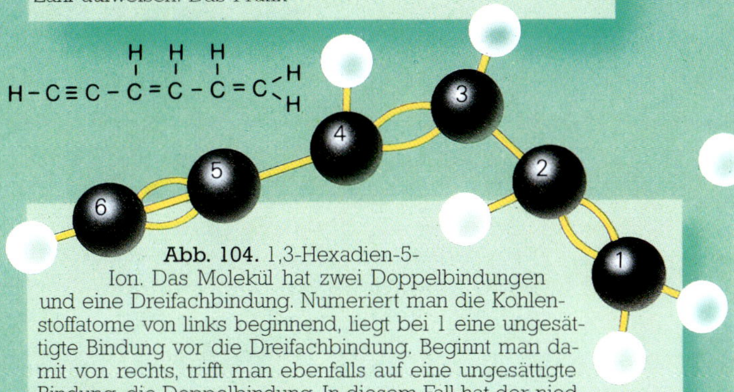

**Abb. 104.** 1,3-Hexadien-5-Ion. Das Molekül hat zwei Doppelbindungen und eine Dreifachbindung. Numeriert man die Kohlenstoffatome von links beginnend, liegt bei 1 eine ungesättigte Bindung vor die Dreifachbindung. Beginnt man damit von rechts, trifft man ebenfalls auf eine ungesättigte Bindung, die Doppelbindung. In diesem Fall hat der niedrigste Wert der Doppelbindung Priorität, da die Kette von rechts beginnend durchnumeriert wird.

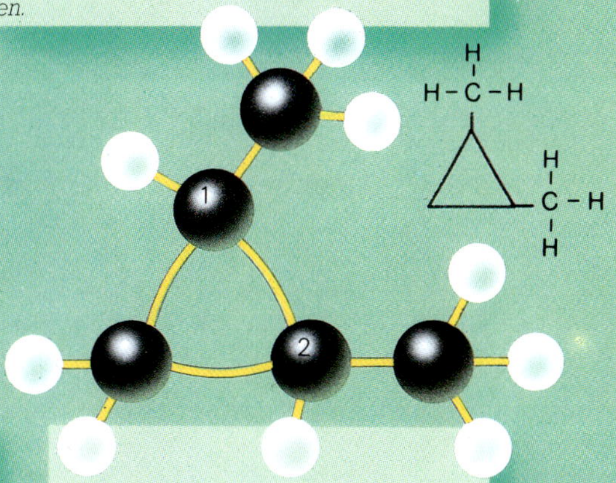

**Abb. 105.** 1,2-Dimethylcyclopropan. Der Ring wird so durchnumeriert, daß den Substituenten die niedrigsten Lokantenwerte zukommen.

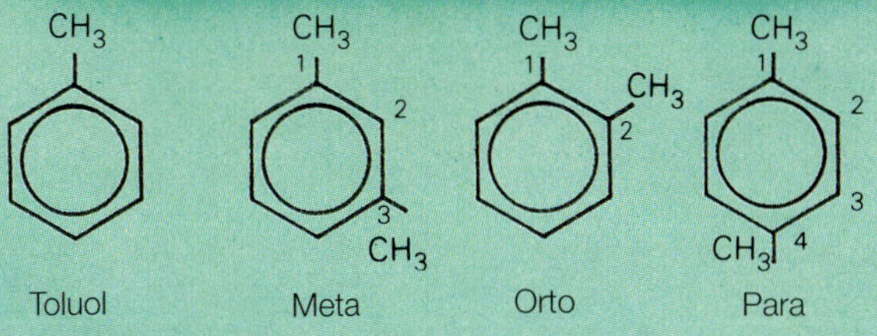


**Abb. 106.** Der Benzolring weist das Phänomen der Resonanz auf (S.42), da seine drei Doppelbindungen durch einen Innenkreis verbunden sind.

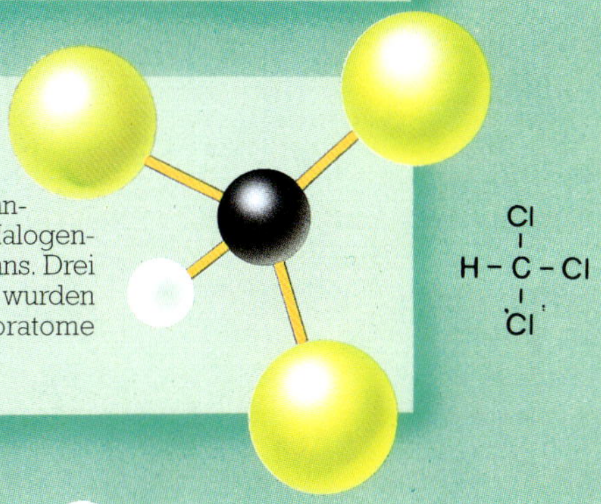

**Abb. 107.** Trichlormethan oder Chloroform. Es handelt sich um ein Halogenderivat des Methans. Drei Wasserstoffatome wurden durch drei Chloratome ersetzt.

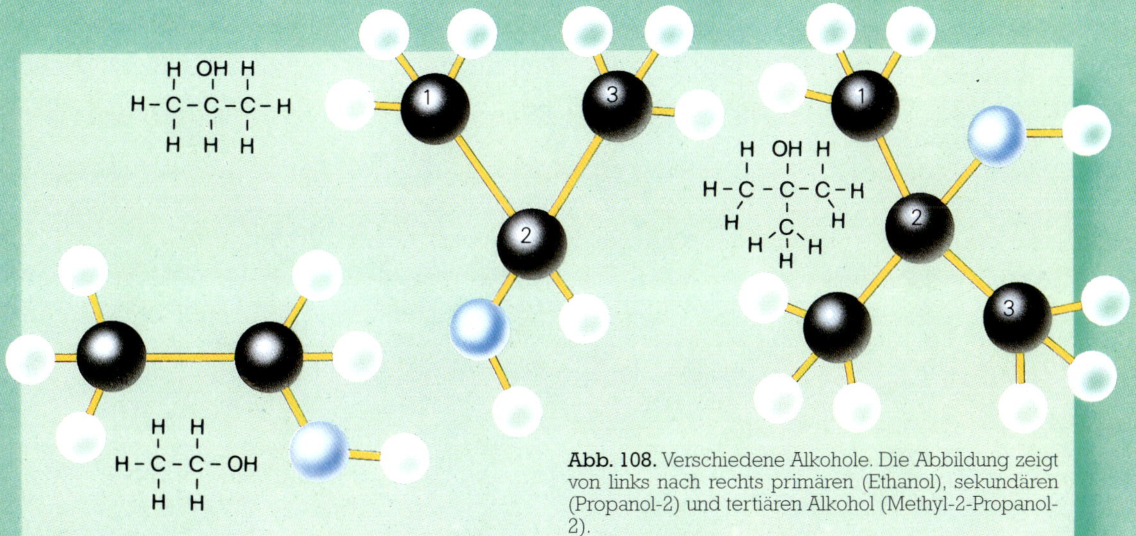

**Abb. 108.** Verschiedene Alkohole. Die Abbildung zeigt von links nach rechts primären (Ethanol), sekundären (Propanol-2) und tertiären Alkohol (Methyl-2-Propanol-2).

# Benennung und Schreibweise: Organische Chemie (III)

**Phenole.** Phenole sind Verbindungen mit einer oder mehreren im Benzolring gebundenen *OH-Gruppen*. Ihre allgemeine Formel ist Ar-OH, wobei Ar- das aromatische Radikal Phenyl darstellt. Charakteristisch für ihre Benennung ist die Endsilbe *ol*, die an den Namensstamm des zugrundeliegenden Kohlenwasserstoffs gehängt wird. Besitzt der Benzolring mehrere *OH-Gruppen*, erfolgt die Benennung nach den niedrigsten Lokantenzahlen. Die Anzahl der Gruppen wird durch die Endungen *-diol, -triol* etc. ausgedrückt. Die Phenolgruppe hat bei der Numerierung gegenüber den Amino- und Ethergruppen Vorrang.

**Ether.** Ether sind Verbindungen mit der allgemeinen Formel R-O-R´, d.h. zwei Kohlenwasserstoffreste sind über ein Sauerstoffatom miteinander verbunden. Die Kohlenwasserstoffreste können gleicher Art sein oder nicht, sie können aliphatischer oder aromatischer Natur sein. Bei ihrer Benennung wird zuerst das Präfix des Radikals R-O genannt, *alcox* oder *fenox*, gefolgt von dem entsprechenden Kohlenwasserstoff als Suffix. Handelt es sich um asymmetrische Ether, d.h. um verschiedene Kohlenwasserstoffreste, nimmt man den größten Rest als Grundlage für den Namen. Ether können auch benannt werden, indem das Wort Ether an den Namen der Reste gehängt wird (Abb.109).

**Aldehyde.** Aldehyd ist die Abkürzung für **Al**kohol **dehyd**rogenatum, d.h. es handelt sich um Derivate primärer Alkohole, denen zwei Wasserstoffatome, die am Kohlenstoff der Alkoholgruppe gebunden waren, entzogen wurden. Die funktionelle Gruppe von Aldehyden lautet: -COH. Die Endung *-an* des betreffenden Kohlenwasserstoffs wird durch die Endung *-al* ersetzt. Die Position der Gruppe wird nicht explizit angegeben, da sie sich immer an einem Ende der Kette befindet (Kohlenstoff 1). Existieren zwei Aldehydgruppen, wird der Name des entsprechenden Kohlenstoffs hinzugefügt, gefolgt von dem Suffix *-dial*. Die funktionelle Aldehydgruppe hat bei der Numerierung gegenüber Keton-, Alkohol-, Phenol-, Amino- und Ethergruppen Vorrang.

**Ketone.** Ketone sind Verbindungen mit der Gruppe CO zwischen zwei Kohlenwasserstoffresten. Ihre allgemeine Formel lautet: R-CO-R´, wobei R und R´ gleich oder verschieden sein können. Entsprechend erhält man *symmetrische* oder *asymmetrische* Ketone. Ihre Benennung erfolgt durch Anhängen des Suffixes *-on* an den Namen des Stamm-Kohlenwasserstoffes. Bei der Numerierung haben sie die Priorität gegenüber den funktionellen Gruppen des Alkohols, Phenols, Amins und des Ethers. Besitzt die Hauptkette zwei Ketongruppen, wird an die Kohlenwasserstoffbezeichnung das Suffix *-dion* gehängt. Ketone können auch benannt werden, indem man die beiden Reste R und R´ als Präfixe in alphabetischer Reihenfolge vor das Endwort *-keton* setzt.

**Organische Säuren.** Organische Säuren sind Verbindungen mit der funktionellen Gruppe COOH. Ihre Benennung erfolgt durch Anhängen der Endung *-säure* an den Wortstamm, der die Gesamtzahl der Kohlenstoffe angibt oder durch Anhängen des Wortes *-carbonsäure* an den Namen für die Kohlenstoffverbindung, die mit der COOH-Gruppe verbunden ist. Existieren zwei Säuregruppen, wird dies mit der Silbe *-di* verdeutlicht. Diese Gruppe hat bei der Numerierung Priorität gegenüber den restlichen funktionellen Gruppen.

**Ester.** Ester sind Verbindungen, die entstehen, wenn Wasserstoff einer organischen Säure durch ein Radikal, R-CO-OR´, ersetzt wird. Die Namensgebung der Ester ist analog zu den Salzen und erfolgt durch Angabe der betreffenden Säure, dann des *Alkyls* vom Alkohol und schließlich durch Anhängen des Wortes *-ester*. Sie haben Priorität gegenüber den Amid-, Nitril-, Aldehyd-, Keton-, Alkohol-, Phenol-, Amino- und Estergruppen.

## STICKSTOFFVERBINDUNGEN

**Amine.** Amine entstehen durch Ersetzen von einem, zwei oder drei Wasserstoffatomen des $NH_3$ durch organische Radikale. Man erhält folglich *primäre, sekundäre* und *tertiäre* Amine. Ihre Benennung erfolgt entweder durch Anhängen des Suffixes *-amin* an den Namen des Kohlenwasserstoffradikals oder durch Vorsetzen des Präfixes *Amino-*. Bei gleichen Resten werden die Silben *di-* oder *tri-* vor die Bezeichnung des Radikals gesetzt. Aminogruppen haben bei der Numerierung Priorität gegenüber Estergruppen (Abb.114).

**Amide.** Amide leiten sich von Ammoniak durch Ersatz von Wasserstoff durch Säurereste R-CO- ab. Je nachdem, ob ein, zwei oder drei Wasserstoffatome ersetzt werden, unterscheidet man *primäre, sekundäre* und *tertiäre* Amide. Primäre Amide werden durch Anhängen der Endung *amid* an das entsprechende Kohlenwasserstoff benannt. Sind die Amide sekundär oder tertiär, werden sie durch die Präfixe *di* oder *tri* vor dem Wort *amid* gekennzeichnet. Amidgruppen haben bei der Numerierung Priorität gegenüber Nitrit-, Aldehyd-, Keton-, Alkohol-, Phenol-, Amino- und Estergruppen (Abb. 115).

**Nitrile.** Nitrile sind Verbindungen, bei denen drei Wasserstoffatome in Endstellung einer Carbonsäure durch ein Stickstoffatom ersetzt werden, -C≡N. Die Benennung erfolgt durch Anhängen der Endung *-nitril* an den Namen des Stammkohlenwasserstoffes. Da Nitrile auch als Derivate der Blausäure, H - C≡N, angesehen werden können, ist es ebenso möglich, sie als Alkylcyanide zu bezeichnen. Bei der Numerierung haben sie Priorität gegenüber den Aldehyd-, Keton-, Alkohol-, Phenol-, Amino- und Estergruppen (Abb. 116).

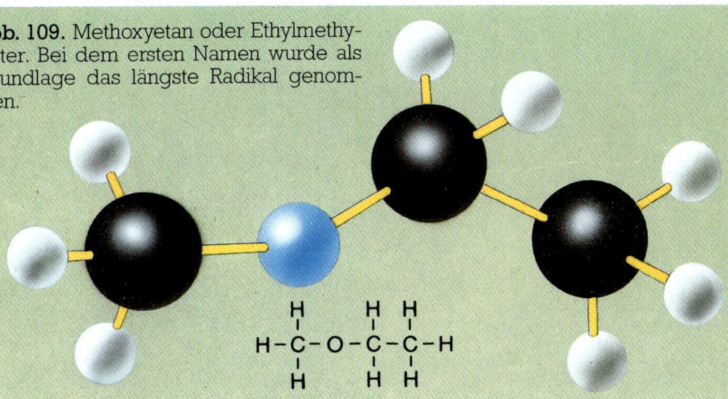


**Abb. 109.** Methoxyetan oder Ethylmethylester. Bei dem ersten Namen wurde als Grundlage das längste Radikal genommen.

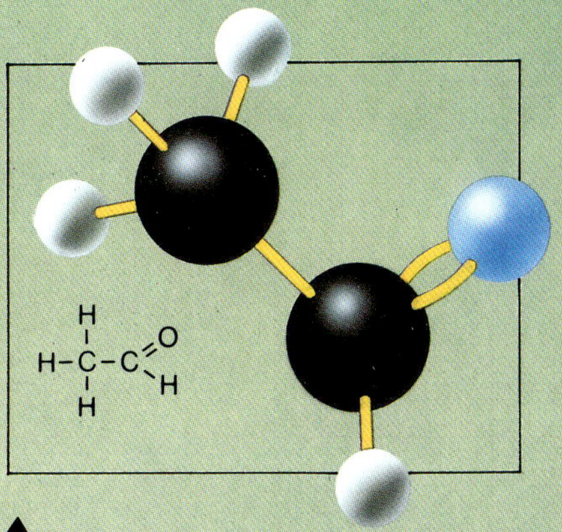


▲ **Abb.110.** Aldehyde. Ethanal mit der Endung *-al* eines Aldehydes. Ist diese Gruppe in einem Ring gebunden, wird die Endung *-carbaldehyd* verwendet. Diese Bezeichnungsweise wird auch verwendet, wenn Aldehydgruppen in einer unverzweigten Kette vorkommen. Befindet sich in einem Molekül eine Gruppe mit vorrangiger Nomenklatur, wird die Aldehydverbindung als Substituent betrachtet und das Präfix *Form-* verwendet.

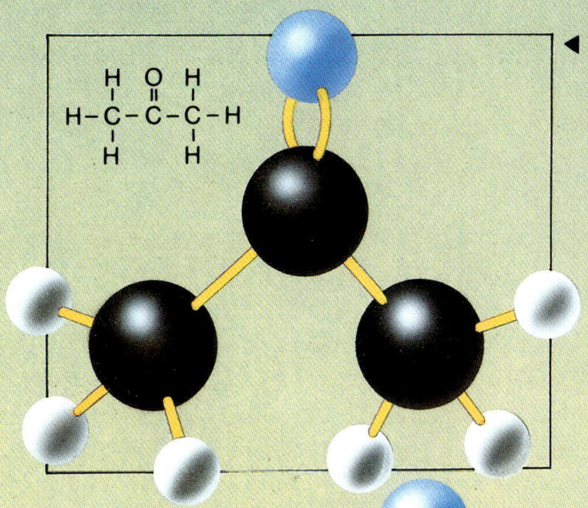


◀ **Abb. 111.** Propanon. In diesem Fall verzichtet man auf die Lokantenzahl, da für die Ketongruppe nur eine mögliche Position in Frage kommt. Bei Vorliegen eines Substituenten höherer Priorität muß die Benennung durch Voransetzen des Präfixes *Oxo-* erfolgen.

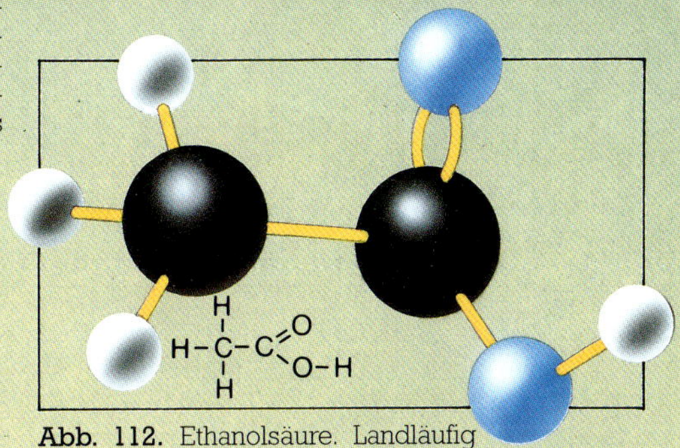


**Abb. 112.** Ethanolsäure. Landläufig bekannt unter dem Namen Essigsäure.

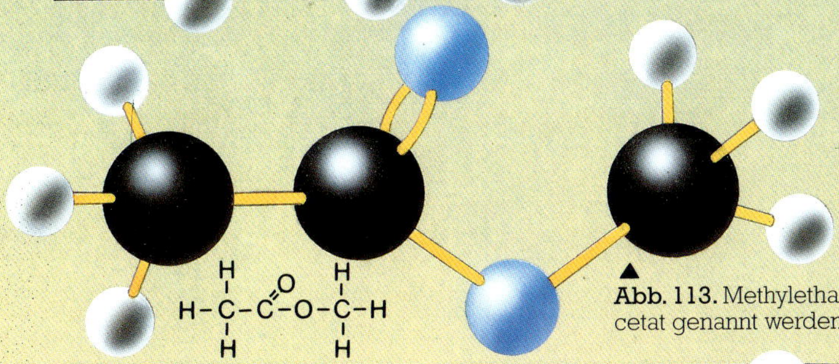


▲ **Abb. 113.** Methylethan, kann auch Methylacetat genannt werden.

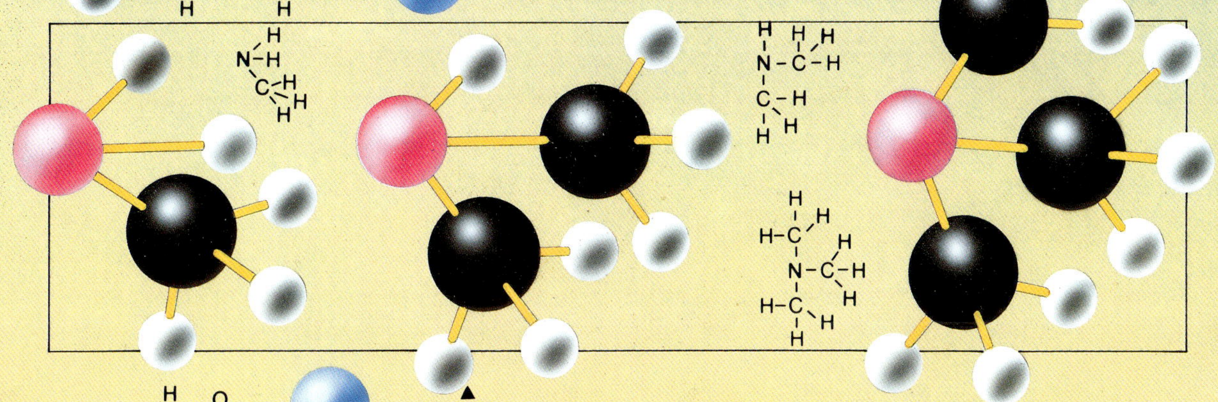


▲ **Abb. 114.** Methylamin, Dimethylamin und Trimethylamin. Entspricht primärem, sekundärem und tertiärem Amin. Bei verschiedenen Resten wird die alphabetische Reihenfolge eingehalten.

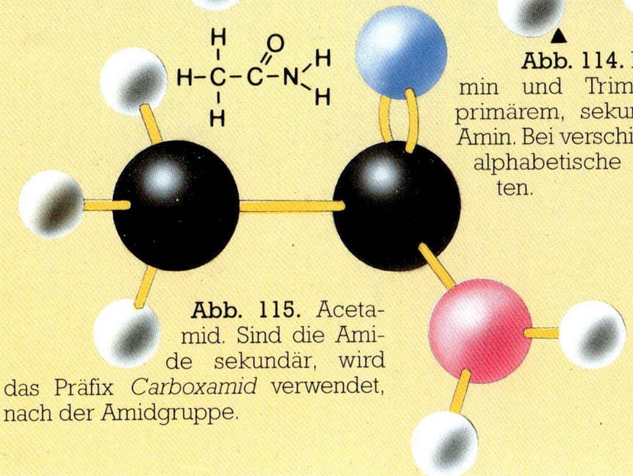


**Abb. 115.** Acetamid. Sind die Amide sekundär, wird das Präfix *Carboxamid* verwendet, nach der Amidgruppe.

**Abb. 116.** Nitrilmethan. Diese Verbindung ist landläufig unter dem Namen Blausäure bekannt.

# Gaszustand

Die Bewegungsfreiheit von Gasteilchen ist auf die großen Zwischenräume zwischen den Gasmolekülen zurückzuführen. Sie nehmen ein maximales Volumen ein. Bei ihrer Bewegung stoßen sie elastisch aneinander und gegen die Wände des Gefäßes, in dem sie sich befinden und führen so zu einem Gasdruck. Steigt der Außendruck, werden die relativen Abstände kleiner, und das Gas wird zusammengedrückt *(komprimiert)*. Bei Zuführung von Wärme steigt die mittlere Geschwindigkeit der Moleküle und damit der Gasdruck (größere Molekülbewegung und stärkere Stöße). Das ist im wesentlichen die Vorstellung der sogenannten *kinetischen Gastheorie*. Gase definieren sich durch den Druck (P), den sie ausüben, den Raum, den sie einnehmen (Volumen, V) und ihre Temperatur (T). Diese Variablen werden *Zustandsfunktionen* genannt, da sie einen genauen Wert für jeden Gaszustand angeben.

## GESETZ VON BOYLE-MARIOTTE

Der britische Chemiker Robert Boyle (1627-1691) stellte 1662 experimentell fest, daß die Kompressibilität der Luft umgekehrt proportional zum Druck ist, der auf sie ausgeübt wird (Abb. 117 und 120). Er schloß daraus, daß die Luft wie Spiralen einer Feder, die sich komprimieren lassen und sich so einander nähern aus kleinen weit voneinander entfernten Teilchen bestehen mußte, die sich bei Kompression näherkamen.

Ungefähr fünfzehn Jahre später entdeckte der französische Physiker Edmé Mariotte (1620-1684), daß Luft sich bei Temperaturerhöhung ausdehnt und sich bei Temperaturabsenkung zusammenzieht. Die inverse Beziehung zwischen Volumen und Druck eines Gases, die Boyle beobachtet hatte, war nur bei konstanter Temperatur gültig. Diese Ergebnisse wurden in einem Gesetz, das den Namen seiner beiden Erfinder trägt, verallgemeinert: *Bei konstanter Temperatur sind die Volumina, die von der gleichen Gasmasse eingenommen werden, umgekehrt proportional zu ihrem Druck.*

Mathematisch läßt sich das folgendermaßen ausdrücken: $P \cdot V = K$, wobei K eine temperaturunabhängige Konstante darstellt.

## GESETZE VON CHARLES UND GAY-LUSSAC

Im Jahre 1787 bewies der französische Physiker Jacques Alexandre Charles (1746-1823), daß Gase sich in dem gleichen Maße ausdehnen wie die Temperatur ansteigt. Es gelang ihm zu zeigen, daß das Volumen eines Gases bei konstantem Druck pro Grad Temperaturerhöhung oder -absenkung um den 1/273 Teil des Ausgangsvolumens ansteigt oder absinkt. Da er seine Beobachtungen jedoch nicht verbreitete, wurden die gleichen Ergebnisse von seinem Landsmann Joseph Louis Gay-Lussac (1778-1850) 1802 veröffentlicht (Volumengesetz). Diese Entdeckung war entscheidend für Avogadro, der daraufhin die Hypothese aufstellte, daß verschiedene Gase unter den gleichen Druck-, Volumen- und Temperaturbedingungen die gleiche Anzahl an Molekülen besitzen. Analog dazu steigt oder sinkt der Druck eines Gases bei konstantem Volumen um den 1/273 Teil des Anfangsdrucks pro Grad Temperaturerhöhung oder -absenkung. Heute weiß man, daß der genaue Wert dieses sogenannten *Dilatationskoeffizienten* bei 1/273,15 liegt. Diese Zahl sowie die Gesetze von Boyle-Mariotte und Gay-Lussac sind allerdings nur für sogenannte *ideale Gase* gültig, d.h. also für Gase unter Normalbedingungen.

## ABSOLUTE TEMPERATUR

Aufbauend auf diesen Ergebnissen, kam Lord William Thomson Kelvin (1824-1907) im Jahre 1848 zu der Annahme, daß die Bewegungsenergie der Gasteilchen bei einer Temperatur von -273° C gleich Null ist. Wenn diese Annahme für Gase galt, die eine große molekulare Bewegungsfreiheit hatten, mußte sie ebenso für alle anderen Körper mit geringerer kinetischer Energie gelten. Heute weiß man, daß dieser Wert den niedrigsten theoretisch möglichen Temperaturpunkt, den *absoluten Temperaturnullpunkt,* darstellt. Er entspricht 0° K auf der Kelvinskala und -273, 16° C auf der *Celsius-skala.* Das Verhältnis zwischen Celsiusgraden und Kelvingraden läßt sich durch folgende Gleichung beschreiben : T (°K) = t (°C) + 273,16.

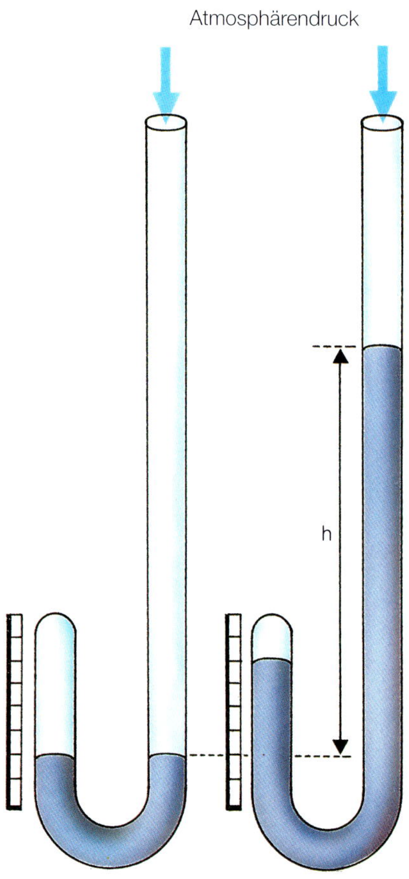


**Abb. 117.** Versuch von Boyle. In eine Röhre wurde bei Atmosphärendruck Quecksilber eingebracht. Ist die Höhe der Quecksilberröhre im geschlossenen wie im offenen Röhrenteil gleich hoch, entspricht der Gasdruck dem Atmosphärendruck. Steigt der Quecksilberstand in der offenen Röhre, ist der Gasdruck gleich dem Atmosphärendruck plus dem Druck, der von dem Gewicht der Röhre h ausgeübt wird. Das Gasvolumen wird an der Skala abgelesen.

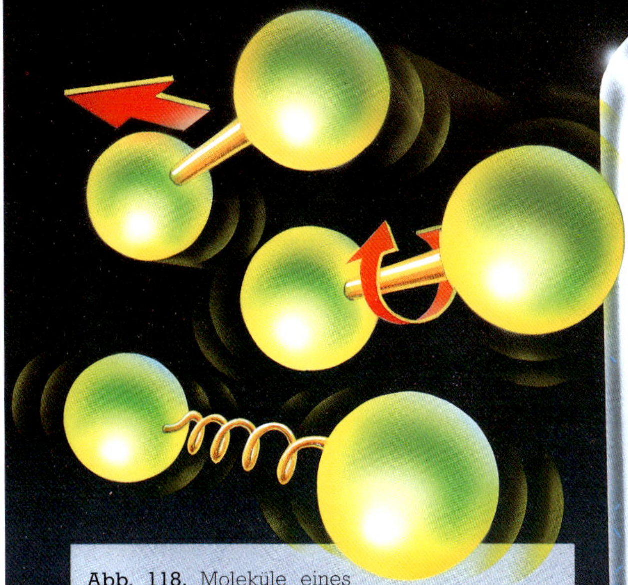

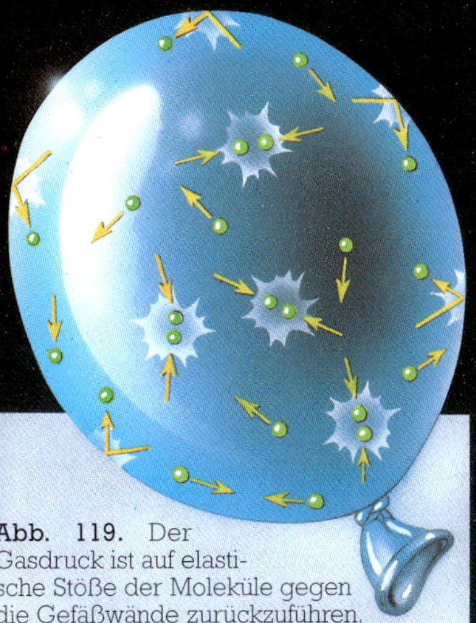

Abb. 119. Der Gasdruck ist auf elastische Stöße der Moleküle gegen die Gefäßwände zurückzuführen.

**Abb. 118.** Moleküle eines diatomischen (aus zwei Atomen bestehenden) Gases. Die Atome der Moleküle verschieben sich fortwährend in alle Richtungen und drehen sich auch um sich selbst. Sie befinden sich in Schwingung, was in der Abbildung durch die Feder zwischen den Atomen verdeutlicht wird.

**Abb. 121.** Die Röhre enthält Quecksilber mit darüber schwimmendem Glaspulver. Bringt man die Flüssigkeit zum Sieden, verdunstet sie. Die Gaspartikel besitzen genügend Energie, um mit den Staubteilchen elastisch zusammenzustoßen. Die kleinen Glasteilchen bleiben schwebend in der Luft.

**Abb. 120.** Darstellung des Gesetzes von Boyle-Mariotte. Die Ordinatenachse stellt das Gasvolumen (in Liter) dar und die Abszisse den Druck (Atmosphärendruck)

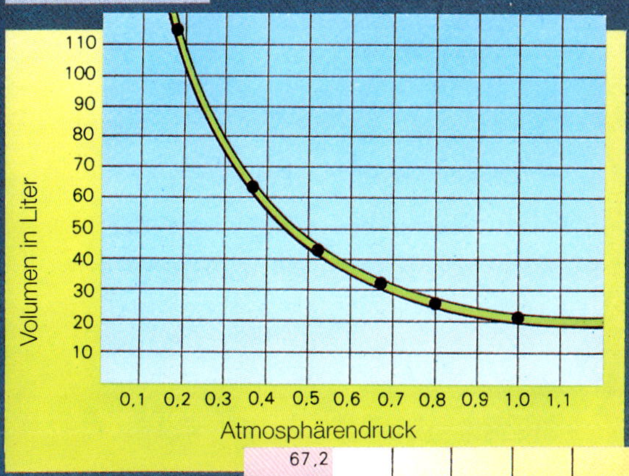


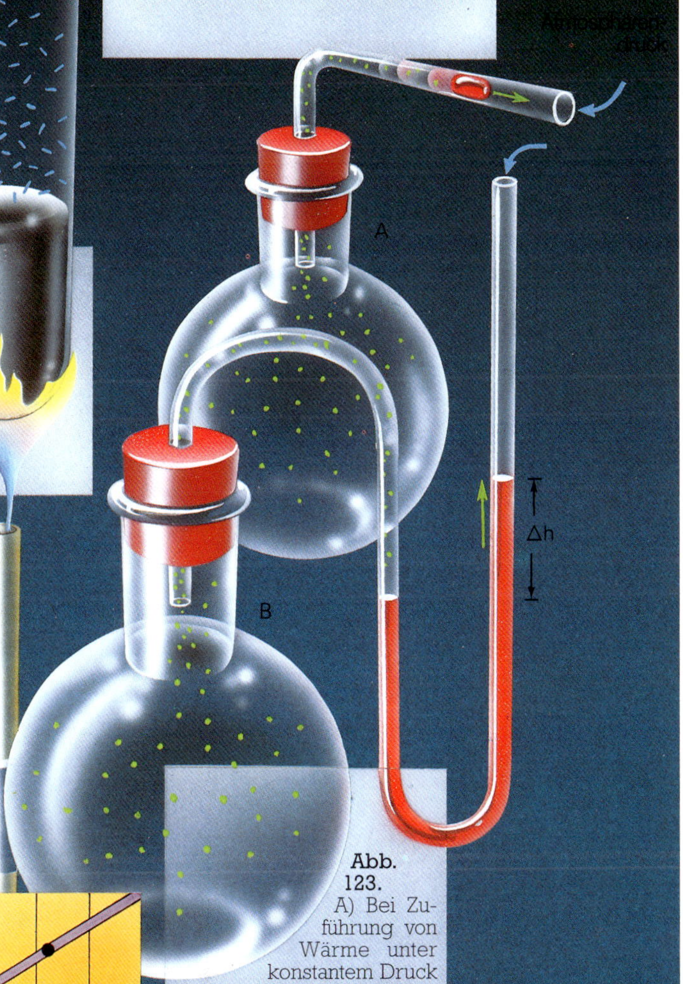


**Abb. 123.** A) Bei Zuführung von Wärme unter konstantem Druck dehnt sich das Gas aus, und der Tropfen gefärbter Flüssigkeit bewegt sich nach rechts. B) Will man das Volumen bei gleichzeitiger Erhöhung der Temperatur konstant halten, muß man den Druck erhöhen, indem man der freien Röhre noch Flüssigkeit hinzufügt.

**Abb. 122.** Volumenänderung von 1 Mol eines idealen Gases bei unterschiedlicher Temperatur. Man sieht, daß Volumen und absolute Temperatur direkt proportional sind.

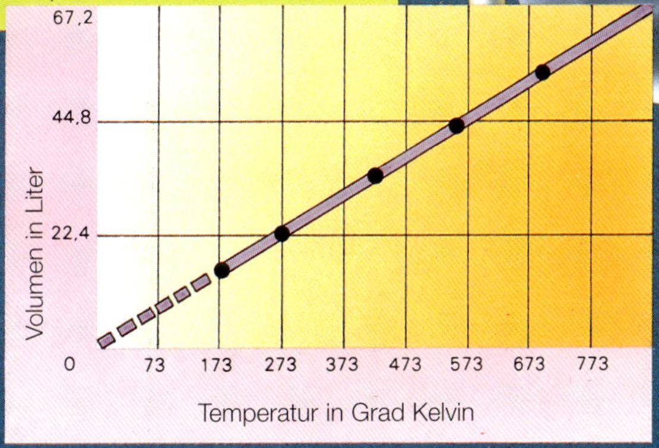

# Allgemeines Gesetz der idealen Gase. Reale Gase

Ausgehend von der absoluten Temperatur und der Darstellung in Abb. 122, lassen sich die folgenden theoretischen Gesetze ableiten:

**1.** Bei konstantem Volumen sind die Drücke, denen eine Gasmasse standhält, direkt proportional zu ihren absoluten Temperaturen: $P_0/T_0=P/T$.

**2.** Bei konstantem Druck sind die Volumina, die die gleiche Gasmasse einnimmt, direkt proportional zu ihren jeweiligen absoluten Temperaturen: $V_0/T_0=V/T$.

Stellen wir uns ein ideales Gas vor, das sich im Zustand $P_0$, $V_0$, $T_0$ befindet und durch plötzlichen Temperaturwechsel den Zustand P, V, T annimmt. Welche Beziehung besteht zwischen den Anfangs- und den Endvariablen? Ändert man bei konstanter Temperatur das Gasvolumen, so erhält man den Enddruck P. Das Volumen V´ kann mit Hilfe des Gesetzes von Boyle-Mariotte $V' = P_0 \cdot V_0/P$ errechnet werden. Wenn wir den Druck aufrechterhalten und das Gas auf die Temperatur T bringen, wird das Volumen V erreicht. Wenden wir das zweite Gesetz des letzten Abschnitts an, ergibt sich: $V' = V \cdot T_0/T$. Setzt man die Terme gleich und ordnet die Variablen, erhält man das sogenannte *Allgemeine Gasgesetz*, das für ideale Gase gilt: $P0 \cdot V_0/T = P \cdot V/T$ (Abb.124). Wären die Endbedingungen P´´,V´´,T´´, würde sich folgendes ergeben:

$$\frac{P_0 \cdot V_0}{T_0} = \frac{P \cdot V}{T} = \frac{P'' \cdot V''}{T''}$$

$$= \text{Konstante (R)}$$

Insgesamt läßt sich schreiben:

$$P \cdot V = R \cdot T$$

wobei die Konstante R von der Gasmasse abhängt. Unter Normalbedingungen (Atmosphärendruck 1 und Temperatur 0° C) würde 1 Mol des Gases laut Avogadros Gesetz ein Volumen von 22,4 l einnehmen. Es ergibt sich:

$$\frac{1 \text{ atm} \cdot 22{,}4 \text{ l}}{273 \text{ K} \quad \text{mol}} = 0{,}082 \text{ atm} \cdot \text{l/K} \cdot \text{mol}$$

Ist die Molanzahl n größer als 1 Mol, muß die Konstante R mit dieser Zahl multipliziert werden. Es ergibt sich:

$$P \cdot V = n \cdot R \cdot T$$

Die ist die allgemeine Gasgleichung; sie heißt in dieser Form auch *Clapeyron-Gleichung*. Sie wurde zwar für ideale Gase aufgestellt, läßt sich aber auch auf reale Gase anwenden und ist daher in der Chemie von großer Wichtigkeit. Da man die Molzahl n erhält, indem man das Gewicht »a« in Gramm durch das Molekülgewicht »M« dividiert, läßt sich die Gleichung auch folgendermaßen formulieren:

$$P \cdot V = a/M\, R \cdot T$$

Mit dieser Formel kann bei bekannter Gasmasse und bei bekannten Bedingungen das Molekulargewicht eines Gases ermittelt werden. Darüber hinaus kann seine Dichte μ aus dem Quotienten zwischen Gasmasse und Volumen errechnet werden:

$$\mu = \frac{P \cdot M}{R \cdot T}$$

### DALTONSCHES GESETZ

Die aufgestellten Gesetze lassen sich auch auf Gasgemische anwenden. Das Verhalten dieser homogenen Materie wurde von Dalton 1801 untersucht; er kam zu folgender Schlußfolgerung: Bei Gasgemischen übt jedes Gas einen *Partialdruck* (Teildruck) aus, der mit dem Druck übereinstimmt, den es ausüben würde, wenn es bei gleichem Druck und gleicher Temperatur allein das ganze Volumen ausfüllen würde. Der Gesamtdruck der Gasmischung ist gleich der Summe der Partialdrücke der einzelnen Gase:

$$P_{gesamt} = P1 + P2 + P3 + \ldots$$

### GRAHAMSCHES DIFFUSIONSGESETZ

Befinden sich mehrere Gase in einem geschlossenen Raum, nehmen die Moleküle eines jeden Gases das gesamte zur Verfügung stehende Volumen ein. Es bildet sich eine homogene Materie. Dieser Vorgang ist unter der Bezeichnung *Diffusion* bekannt. Der englische Chemiker Thomas Graham (1805-1869) fand 1831 heraus, daß die Diffusionsgeschwindigkeiten v der Gase umgekehrt proportional zur Quadratwurzel der entsprechenden Dichten sind. Die mathematische Gleichung lautet:

$$\frac{v1}{v2} = \frac{\sqrt{\mu 2}}{\sqrt{\mu 1}}$$

### REALE GASE. VAN DER WAALSCHE GLEICHUNG

Reale Gase stimmen nicht exakt mit der allgemeinen Gleichung idealer Gase überein. Der Grund dafür ist, daß jedes Gas aus Atomen oder Molekülen besteht, die ein bestimmtes Volumen besitzen und die so das in einem Raum zur Verfügung stehende Volumen reduzieren. Außerdem wirken sich die intermolekularen Kohäsionskräfte, sind sie auch noch so gering, auf den Druck aus, den ein Gas ausübt (Abb. 127). Deshalb ist es notwendig, Korrekturfaktoren für Druck und Volumen mit in die Gleichung der idealen Gase aufzunehmen. Johannes Diderik Van der Waals (1837-1923), ein holländischer Physiker, stellte 1873 folgende Gleichung für reale Gase auf:

$$\left(P + \frac{a \cdot n^2}{V^2}\right)\left(V - n \cdot b\right) = n \cdot R \cdot T$$

wobei a und b charakteristische Konstanten für jedes Gas sind.

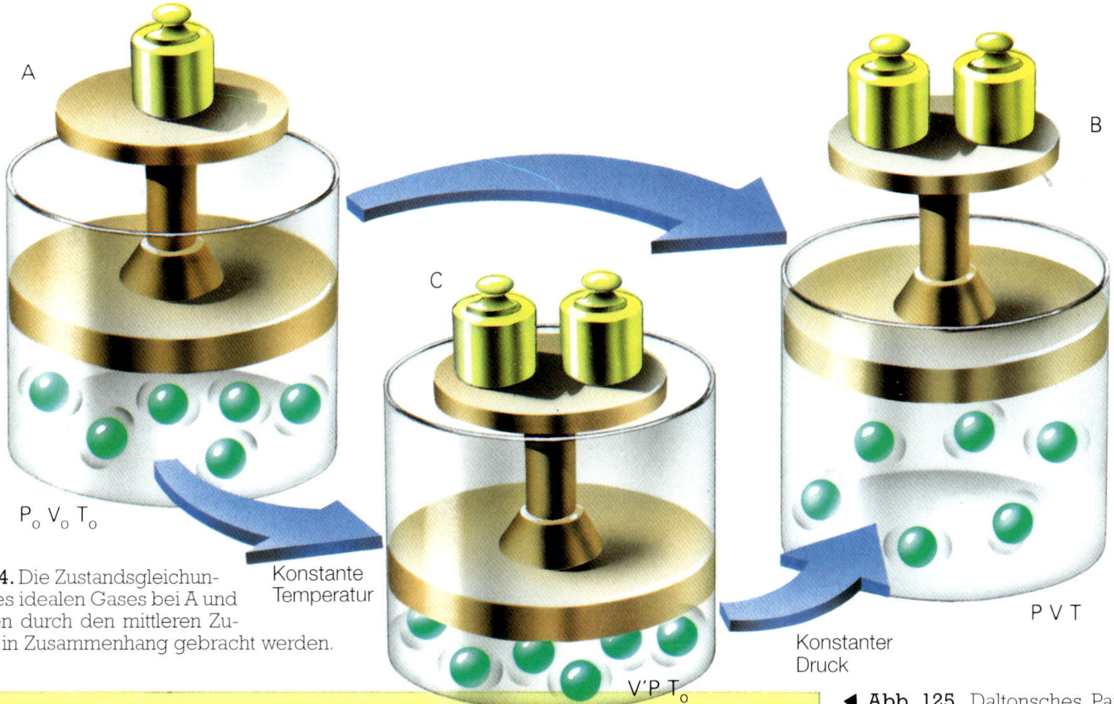


▲ **Abb. 124.** Die Zustandsgleichungen eines idealen Gases bei A und B können durch den mittleren Zustand C in Zusammenhang gebracht werden.

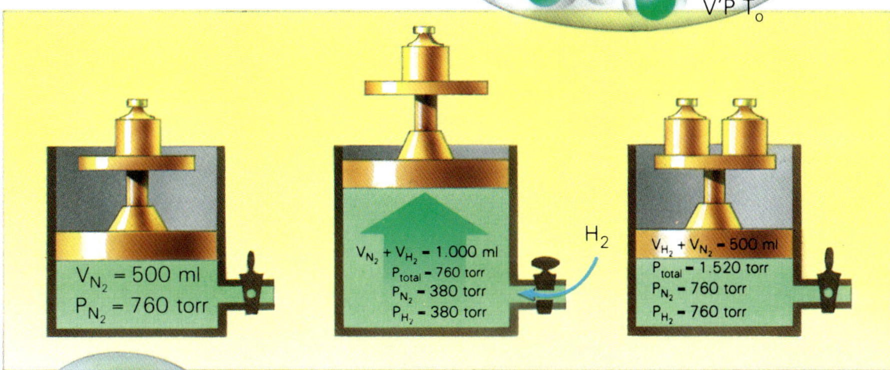


◀ **Abb. 125.** Daltonsches Partialdruck-Gesetz. In A befindet sich Stickstoff, der in einer Pumpvorrichtung eingeschlossen ist. Bei B wird solange Wasserstoff eingefüllt, bis sich das Anfangsvolumen verdoppelt hat. Jedes Gas übt einen Partialdruck aus, dessen Summe gleich dem Druck der Gesamtmischung ist. Bei C wird der Gesamtdruck solange erhöht, bis das Anfangsvolumen erreicht ist. Der Gesamtdruck wird verdoppelt und mit ihm die Partialdrücke eines jeden Gases.

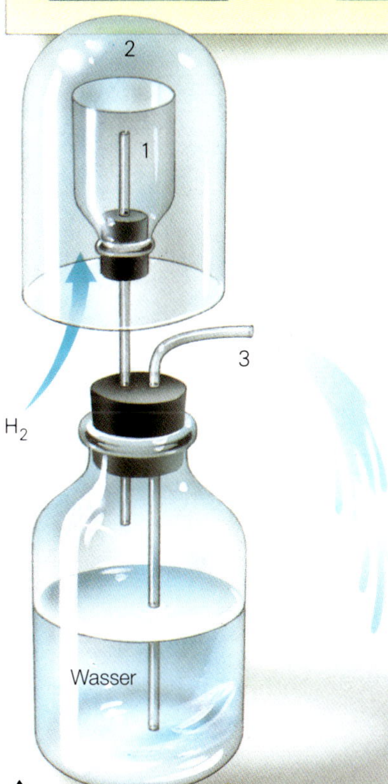


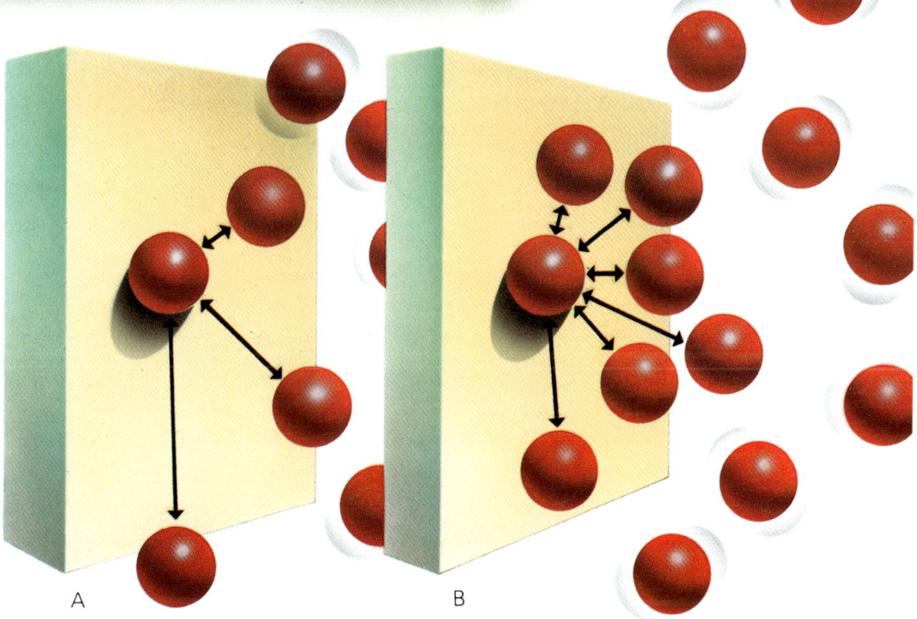


▲ **Abb. 126.** Wasser. Experimenteller Nachweis des Grahamschen Gesetzes von der Diffusion der Gase: (1) soll ein durchlässiges Gefäß darstellen und (2) eine Kristallglocke. Füllt man Wasserstoff in die Glocke, breitet er sich schneller in (1) aus als die Gase, aus denen sich die Luft zusammensetzt. Im Innern des durchlässigen Gefäßes entsteht ein **Überdruck,** der im zweiten Gefäß zu einem Ausstoß von Wasser durch das Röhrchenende führt.

▲ **Abb. 127.** Reale Gase üben einen geringeren Druck aus als ideale Gase. Der Grund dafür liegt in den Anziehungskräften der Moleküle, die sich näher an einem mit der Wand zusammenstoßenden Molekül befinden. Bei A können wir ein Gas mit niedrigem Druck sehen, in B eines mit hohem.

# Fester und flüssiger Aggregatzustand. Flüssiger Zustand

Flüssigkeiten zeichnen sich durch den Besitz von Molekülen aus, deren Kohäsionskräfte größer sind als die zwischen Gasmolekülen. Deshalb besitzen Flüssigkeitsmoleküle eine geringere Beweglichkeit als Gase; sie sind aber immer noch beweglicher als die Moleküle von Feststoffen. Flüssigkeitsmoleküle bewegen sich, stoßen gegeneinander und gegen die Wände des Gefäßes, in dem sie sich befinden. Das erklärt die Formlosigkeit von Flüssigkeiten und den Druck, den sie auf die Gefäßwände ausüben. Die Kohäsionskräfte zwischen den Molekülen bewirken eine »innere« Festigkeit, was die Verschiebung der Moleküle angeht; dieses Phänomen ist unter dem Begriff *Viskosität* bekannt. Einige Moleküle sind in der Lage, an die Oberfläche der Flüssigkeit zu gelangen, die Kohäsionskräfte zu überwinden und in den dampfförmigen Zustand überzutreten. Dieses Phänomen nennt man *Verdunstung* (Abb. 129). Diesem Prozeß wirken die Gase an der Flüssigkeitsoberfläche entgegen. Die mittlere kinetische Energie der Moleküle nimmt mit der Temperatur zu und führt folglich zur Verdunstung der Flüssigkeit. Beim Verdunsten üben die Moleküle an der Oberfläche einen Druck aus, der dem Druck des Gases entspricht, dessen Gestalt sie annehmen. Dieser Druck nennt sich *Dampfdruck* der Flüssigkeit und hängt von der Temperatur ab. Besitzt eine Flüssigkeit bei Umgebungstemperatur einen großen Dampfdruck, sagt man die Flüssigkeit ist leicht *flüchtig*, da sie leicht verdampft. Der Dampfdruck läßt sich mit Hilfe der *Torricelli-Apparatur* (Abb. 131) untersuchen. In einer barometrischen Kammer herrscht ein absolutes Vakuum. Bei Einfüllen einer Flüssigkeit kommt es daher zu einer sofortigen Verdampfung. Der entstehende Dampf nennt sich *ungesättigter* Dampf. Der Druck läßt sich am absteigenden Quecksilber in der Säule ablesen (Abb. 133). Führt man ununterbrochen Flüssigkeit zu, wird ein Punkt erreicht, bei dem keine Flüssigkeit mehr verdampft und an der Oberfläche des Quecksilbers bleibt. Der entstehende Dampf heißt *gesättigter* Dampf und der Druck bei maximalem Absinken der Quecksilbersäule *maximaler Dampfdruck*. Dieser Druck ist temperaturabhängig. Liegt sein Wert bei Atmosphärendruck, gefriert die Flüssigkeit. Anders ausgedrückt: Eine Flüssigkeit gefriert, wenn ihr Dampfdruck gleich dem Außendruck ist.

## FESTER ZUSTAND

Die Moleküle, Atome oder Ionen eines festen Körpers besitzen enorme Kohäsionskräfte. Ihre Bewegung reduziert sich auf Schwingungen mit geringer Ausdehnung um feste Punkte im Raum, die sogenannten Knotenpunkte des Kristalls. So lassen sich *Form, Festigkeit* und *Kompressionswiderstand* der Feststoffe erklären. Es kommt gelegentlich vor, daß die Moleküle der Feststoffe nicht im Raum geordnet vorkommen, sondern willkürlich verstreut sind. In diesem Fall spricht man vom *amorphen* Körper. In gewisser Weise können wir die amorphen Körper als unterkühlte Flüssigkeiten betrachten, da sich ihre Strukturen ähneln, allerdings sind die Kohäsionskräfte der amorphen Körper noch viel größer. Amorphe Körper zeichnen sich dadurch aus, daß ihre Temperatur beim Schmelzen nicht konstant bleibt. Dies ist der Fall bei Wachs oder Siegellack. Ihre Schmelze ist *teigartig*. Bei den kristallinen Feststoffen dagegen bleibt die Temperatur beim Schmelzen konstant.

Die Moleküle der Feststoffe können - wenn auch nur selten- direkt in den Dampfzustand (Abb. 134) übergehen. Hier sind es schnell schwingende Moleküle, die die Kohäsionskräfte überwinden und in den gasförmigen Zustand übergehen. Umgekehrt können Gasmoleküle auch mit der Kristalloberfläche in Berührung kommen und im Kristall verharren. Dies ist das Phänomen der *Sublimierung*, das charakteristisch ist für Jod, Arsen, Kampfer etc. Erwärmt sich ein sublimierbarer Feststoff und erreicht beim Schmelzen eine Temperatur, die unter seinem eigentlichen Dampfdruck liegt, ist der Dampf im Gleichgewicht mit der Flüssigkeit und dem Feststoff. Dieser Temperaturpunkt wird *Tripelpunkt* genannt: Es ist die Temperatur, bei der alle drei Aggregatzustände eines Stoffes nebeneinander möglich sind (Abb. 135).

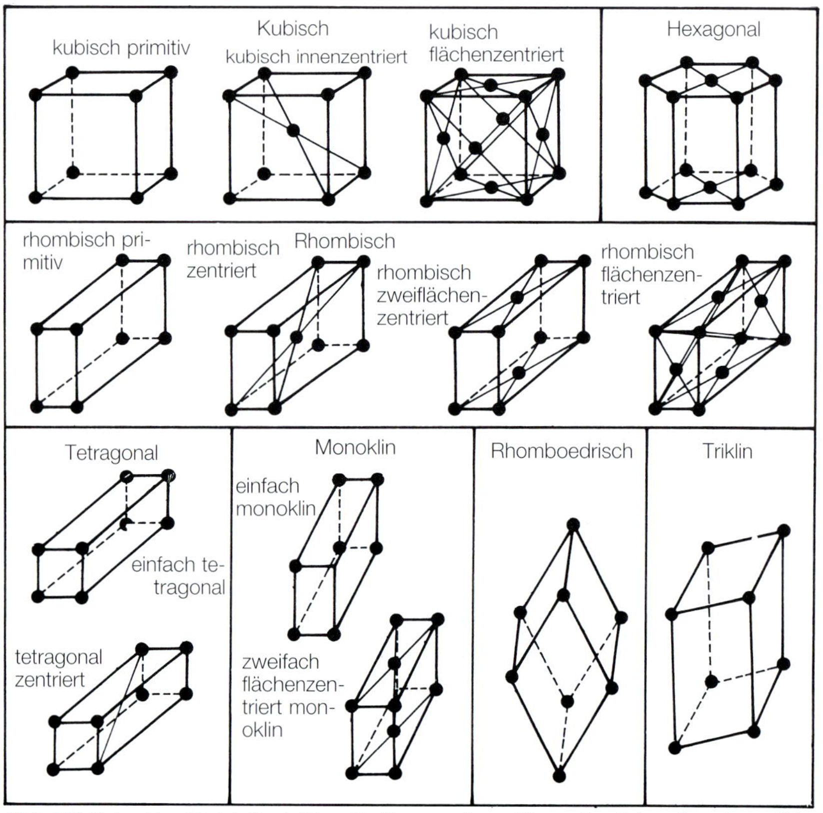


**Abb. 128.** Bei echten Feststoffen bilden die Atome aufgrund ihrer räumlichen Anordnung Kristallgitter. Es gibt 14 verschiedene Arten von Elementarzellen, die die Kristalle zusammensetzen.

**Abb. 129.** Die kinetische Theorie kann als Erklärungsmodell für die Verdunstung herangezogen werden. Die Flüssigkeit links verdunstet vollständig, da ihre Moleküle nach und nach das Gefäß verlassen. Rechts ist das dynamische Gleichgewicht zwischen den Molekülen dargestellt. Sie gehen vom flüssigen Zustand in den gasförmigen über und umgekehrt.

**Abb. 130.** Intermolekulare Kräfte sind dafür verantwortlich, daß die Oberflächen von Flüssigkeiten sich wie elastische Membrane verhalten (Oberflächenspannung). Die Oberflächenmoleküle werden von den darunter liegenden Molekülen angezogen.

**Abb. 131.** Füllt man eine Flüssigkeit in eine barometrische Kammer, verdunstet sie sofort. Der entstehende Dampfdruck ist durch den Abstieg des Hg in der Röhre abzulesen und wird ungesättigter Dampf genannt. Der höchste Dampfdruck, der bei einer bestimmten Temperatur erreicht werden kann, heißt gesättigter Dampf.

**Abb. 133.** Flüssigkeiten mit einem hohen Dampfdruck bei Umgebungstemperatur heißen flüchtig. In der Abbildung wird die Flüchtigkeit verschiedener Flüssigkeiten miteinander verglichen.

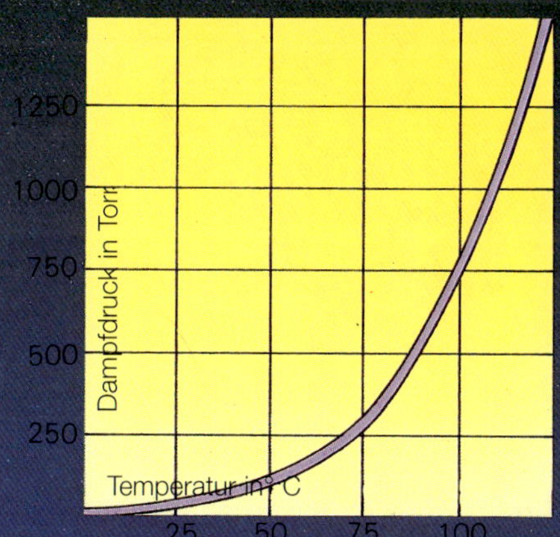


**Abb. 132.** Darstellung des Verhältnisses zwischen dem Druck von gesättigtem Wasserdampf in Torr und einer in° C angegebenen Temperatur.

**Abb. 134.** Die Moleküle einiger Feststoffe können direkt in den gasförmigen Zustand übergehen und kommen zu einem Gleichgewicht. Pv des Feststoffs hängt von der Art des Stoffes und der Temperatur ab (Feststoff, Dampfdruck).

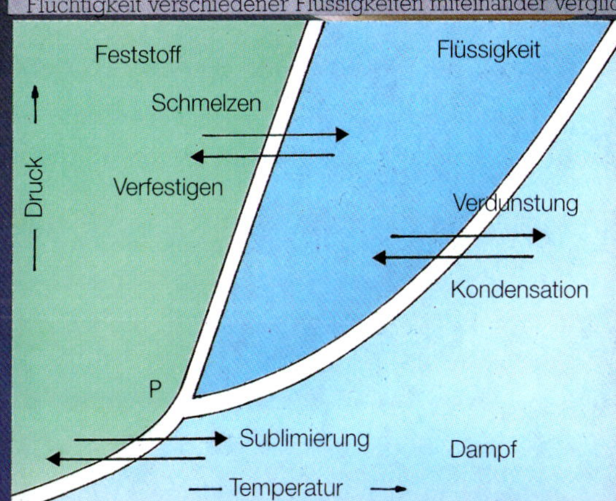


**Abb. 135.** Für die gleiche Substanz kreuzen sich die Kurven Flüssigkeit-Dampf, Feststoff-Flüssigkeit und Feststoff-Dampf im Punkt P, dem sogenannten Tripelpunkt. Der Abszissenwert dieses Punkts beträgt im Falle von Wasser 0,01 °C (273,16 K).

# Hauptbegriffe

*Lösungen* sind homogene Mischungen unterschiedlichster Zusammensetzung, deren Komponenten nur durch physikalische Methoden getrennt werden können. Lösungen bestehen aus zwei oder mehreren Reinsubstanzen, die beim Homogenisieren dem Endprodukt neue Eigenschaften verleihen. Diese Eigenschaften ergeben sich aus der Summe der beteiligten Komponenten. Vermischt man Zucker mit Wasser, erhält man eine Lösung, die sich bei einer Temperatur verfestigt, die unter der Erstarrungstemperatur von Wasser und Zucker allein liegt. Außerdem ist der Geschmack aus der Summe von geschmacklosem Wasser und süßem Zucker entstanden. Den Hauptanteil einer Lösung nennt man *Lösungsmittel,* den kleineren Anteil *gelöster Stoff.*

Eine Lösung entsteht, wenn sich Moleküle oder Ionen des Stoffes, der sich löst, unter die Teilchen des Lösungsmittels mischen und sich einheitlich verteilen *(Diffusion)*. In diesem Fall spricht man von der *Vermischbarkeit* oder im entgegengesetzten Fall von einer Unvermischbarkeit der Stoffe. Die maximale Menge, mit der sich ein gelöster Stoff bei einer bestimmten Temperatur in einer bestimmten Lösungsmittelmenge auflösen kann, nennt man *Löslichkeit.* Bei der maximalen Menge des Stoffes ist die Lösung gesättigt, d.h. es kann bei einer bestimmten Temperatur nicht mehr von dem gelösten Stoff aufgenommen; wir sprechen von einer übersättigten Lösung. Fügen wir dieser übersättigten Lösung ein Kristall des gelösten Stoffes zu oder schütteln wir sie ganz plötzlich, schlägt sich der Überschuß nieder.

## SUSPENSION

Fügen wir Sand zu Wasser und schütteln die Mischung, setzt sich dieser relativ schnell ab. Der Sand bleibt auf dem Gefäßboden liegen. Auch wenn der gelöste Stoff pulverisiert und dann mit Wasser vermischt wird, *sedimentiert* er, nur langsamer. In diesem Fall können wir nicht von einer Lösung sprechen, da die gelösten Teilchen mit Hilfe einer Lupe oder eines Mikroskops sichtbar sind. Es handelt sich um eine heterogene Mischung (S.10). Systeme dieser Art, bei denen Komponenten durch einfache Filtration abgetrennt werden können, nennt man *Suspensionen.*

## KOLLOIDE DISPERSIONEN

Substanzen, die nicht in einem bestimmten Lösungsmittel löslich sind und auch nicht als unlöslich angesehen werden können, da sie beim Mischen mit dem genannten Lösungsmittel extrem kleine Teilchen *(Mizellen)* bilden, die weder ausgefiltert werden können noch unter dem Mikroskop zu sehen sind und nicht sedimentieren, heißen *kolloide* Teilchen. Sie sind nur sichtbar, wenn man sie mit Licht bestrahlt. Das auftreffende Licht wird reflektiert und gestreut, so daß man diesen Prozeß im allgemeinen mit bloßem Auge beobachten kann. Dieses Phänomen ist unter dem Begriff *Tyndall-Effekt* bekannt. Die kolloiden Teilchen haben eine Größe zwischen 0,1 und 0,001 μm ($10^{-6}$m). Eine kolloidale Verteilung fester Teilchen in einer Flüssigkeit nennt man *Sol.* Sole können durch Zusammenlagerung von Mizellen mit Hilfe von Elektrolyten oder durch Temperaturanstieg zur Ausflockung und zum Absinken in der Lösung gebracht werden. Ausgeflockte Sole werden als Gel bezeichnet.

Ein Sol ist *suspensoid,* wenn es zum Gel werden kann. Ein Gel kann jedoch nicht mehr in ein Sol zurückverwandelt werden. Ein Sol ist emulsoid, wenn es beim Gelieren wieder zum Sol wird. Kolloide Substanzen sind Milch, Mayonnaise, Tinte, Klebstoffe, Photofilme...Wolken bestehen aus kolloiden Teilchen (feinen Wassertröpfchen), die in der Luft verstreut sind.

**Abb. 136.** Löslichkeitskurven. Sie zeigen die Löslichkeit einer Substanz bei bestimmten Temperaturen an. Im allgemeinen steigt die Löslichkeit mit der Temperatur. Häufig läßt sich bei einer Lösung eine Abkühlung beobachten, da die Moleküle des gelösten Stoffes Bewegungsenergie erhalten, was sich bei der Wärmeabsorption der Substanz bemerkbar macht. Der Prozeß ist exotherm, wenn die gelösten Teilchen mit den Molekülen des Lösungsmittels intensiv in Berührung kommen.

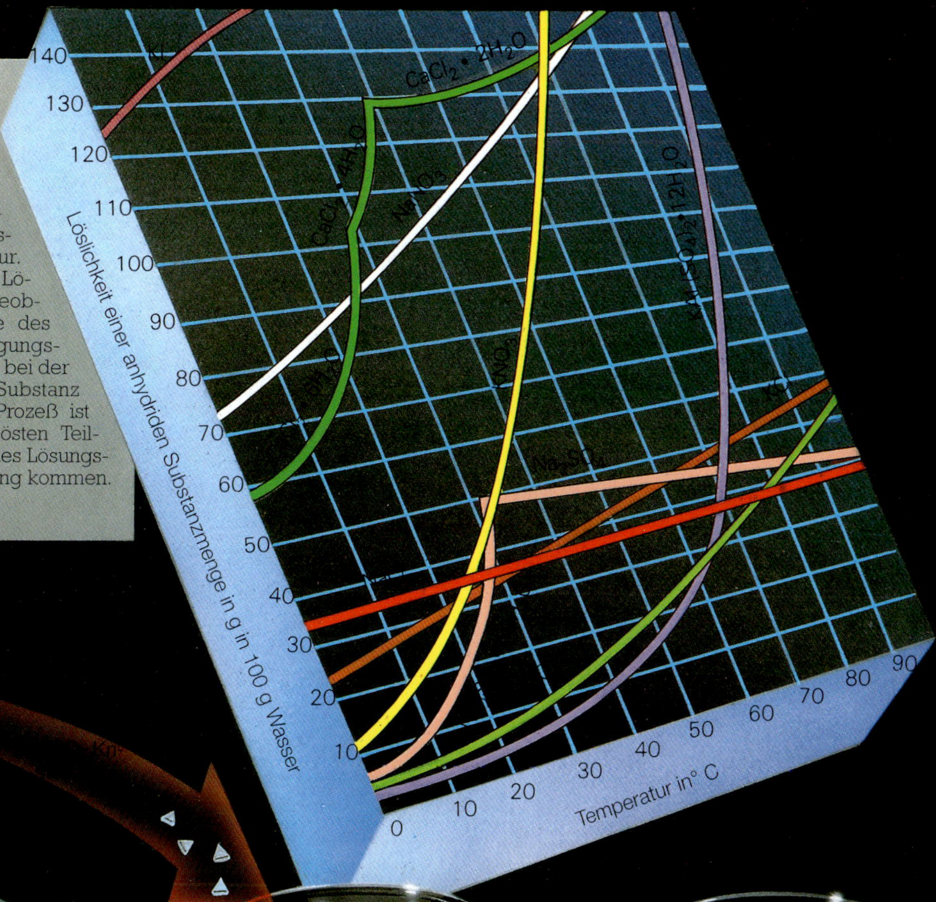


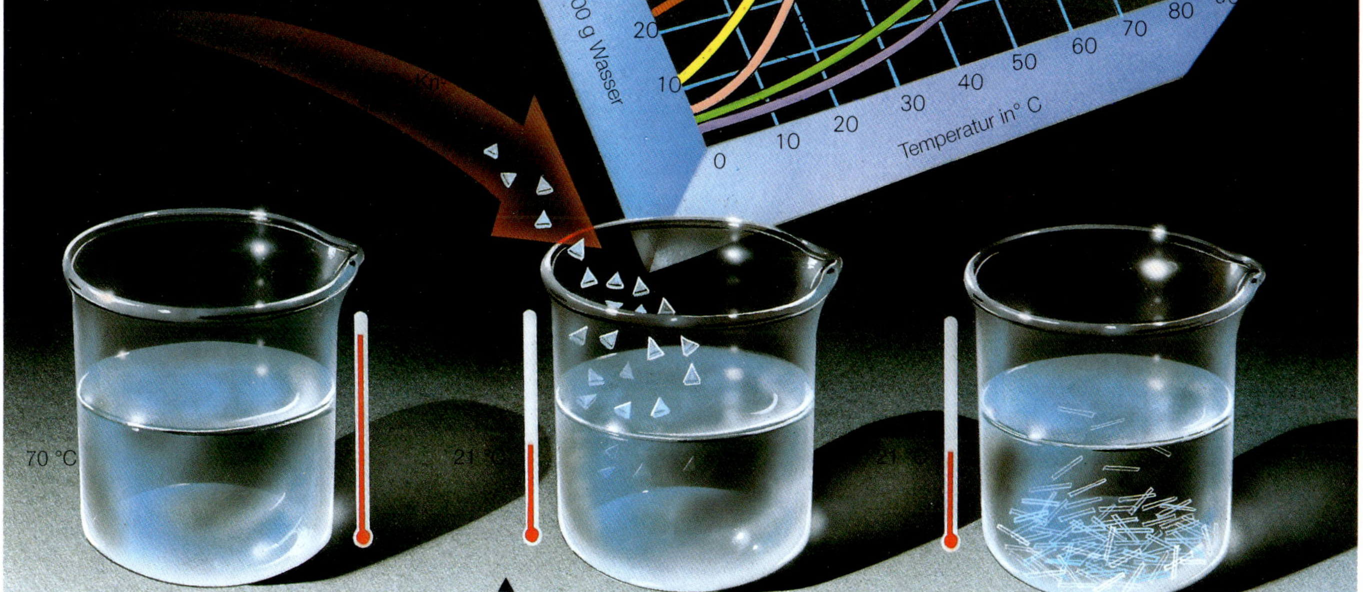


▲

**Abb. 137.** Übersättigte Lösung. Nehmen wir das Beispiel einer Kaliumnitratlösung, die bei einer Temperatur von 70° C 140 g des Salzes und 100 g Wasser enthält (siehe Graphik in Abb. 138). Bei langsamer Abkühlung bleibt der gelöste Stoff gelöst, und es ergibt sich eine Lösung, die, gemessen an der Temperatur, mehr Substanz gelöst hat als sie dürfte (20 g). Es entsteht eine übersättigte, instabile Lösung. Ein Stoß oder das Hinzufügen einiger Salzkristalle genügen, damit der Überschuß des gelösten Stoffes (120 g) sedimentiert. (In der Zeichnung werden die hinzugefügten Salzkristalle anders dargestellt als die überschüssigen, um eine Verwechslung zu vermeiden). Zur Bildung von übersättigten Lösungen kann es kommen, wenn sich die Moleküle oder Ionen des gelösten Stoffes nicht sofort als Kristallgitter ausrichten. Fügt man aber ein Kristall hinzu oder schüttelt die Lösung, wird diese Ausrichtung leicht erhalten, und der gelöste Stoff schlägt sich schnell nieder.

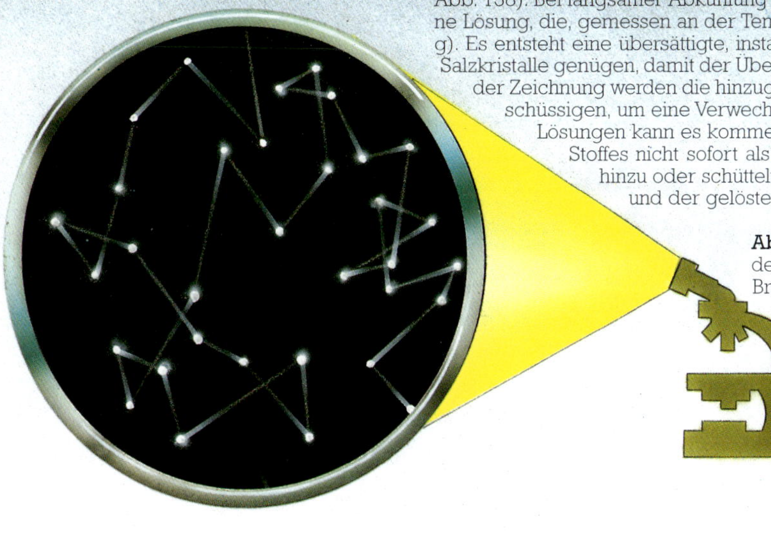

**Abb. 138.** Brownsche Bewegung. Im Jahre 1827 stellte der britisch-schottische Naturwissenschaftler Robert Brown (1773-1858) bei in Wasser gelösten Blütenpollen mit Hilfe des Mikroskops fest, daß sich die Körner ungleichmäßig und unabhängig voneinander bewegten. Er sah den Grund darin, daß es sich dabei um lebende Teilchen handelte. Mit Kenntnis der kinetischen Theorie läßt sich die Bewegung auf die ungleichmäßigen Zusammenstöße der Wassermoleküle mit den Blütenpollen zurückführen.

# Konzentration

Unter Konzentration versteht man den Anteil einer Komponente an einer Lösung oder an einem Gemisch. Die Konzentration einer Lösung läßt sich in physikalischen Einheiten, z.B. in Einheiten für Masse und Volumen oder in chemischen Einheiten, z.B. in Mol oder Gramm ausdrücken.

## MÖGLICHE KONZENTRATIONSANGABEN

**Gewichtsgehalt in-%:** Gibt uns die Gramm des gelösten Stoffes in 100 g Lösung an. Besteht eine Lösung beispielsweise aus 10 % Natriumchlorid, heißt das, daß sich 10 g Salz in 100 g Lösung befinden.

**Volumengehalt in-%:** Gibt das Volumen des gelösten Stoffes (Flüssigkeit oder Gas) pro 100 $cm^3$ Lösung an (Volumenprozent).

**Gramm pro Liter:** Beschreibt, wieviel Gramm des gelösten Stoffes in einem Liter Lösung enthalten sind.

**p. p. m.** (parts per million): Kleinste Konzentrationen werden meist in mg/l ausgedrückt. Da 1 mg/l gleich einem Millionstel Gramm pro Milliliter entspricht, spricht man von p. p. m.

**Molarität:** Gibt an, wieviel Mol des gelösten Stoffes in einem Liter Lösung enthalten sind (mol/l).

**Molalität:** Gibt die Molzahl des gelösten Stoffes in 1000 g Lösung an (mol/kg).

**Normalität:** Bezieht sich auf die Anzahl »Grammäquivalente« an gelöstem Stoff, die in einem Liter Lösung enthalten sind. Ein *Grammäquivalent* ist die Stoffmenge, die 1,008 g Wasserstoff ersetzt oder damit reagiert. Normalerweise reagiert 1 Mol eines Stoffes nicht immer mit 1 Mol eines anderen. Ein Mol NaOH reagiert beispielsweise mit 1 mol HCl, aber mit zwei Mol $H_2CO_3$ und mit drei Mol $H_3PO_4$. Ein Grammäquivalent Natriumhydroxid dagegen reagiert mit einer Carbonsäure und außerdem mit einer Phosphorsäure. Dieses Prinzip vereinfacht die stöchiometrischen Berechnungen.

**Molenbruch:** Der *Molenbruch* eines gelösten Stoffes gibt das Verhältnis seiner Mole zur Summe der Gesamtmolanzahl von Lösungsmittel und gelöstem Stoff an.

## LÖSUNGEN VON GASEN IN FLÜSSIGKEITEN

Die Löslichkeit von Gasen in Flüssigkeiten kann sehr unterschiedlich sein. Im allgemeinen lösen sich Gase im Gegensatz zu den meisten festen Stoffen bei höheren Temperaturen in Flüssigkeiten weniger gut. Der englische Chemiker William Henry (1774-1836) stellte 1803 eine Beziehung zwischen der Löslichkeit eines Gases und seinem Druck auf. So entstand das Gesetz, das seinen Namen trägt: *Bei konstanter Temperatur ist die in einer Flüssigkeit gelöste Gasmenge direkt proportional zum Druck, der auf dieses Gas wirkt* (Abb. 140).

## LÖSUNGEN VON FLÜSSIGKEITEN IN FLÜSSIGKEITEN

Die Löslichkeit ist im allgemeinen von den Kräften abhängig, die zwischen den Molekülen des betreffenden Stoffes herrschen. Sind die molekularen Kräfte zwischen zwei Flüssigkeiten ähnlich, sind die Flüssigkeiten miteinander mischbar, im umgekehrten Fall sind sie nicht mischbar. Daraus ergibt sich, daß polare Flüssigkeiten miteinander mischbar und unpolare Flüssigkeiten ebenfalls untereinander mischbar sind.

Die Löslichkeit von teilweise mischbaren Flüssigkeiten kann durch eine Temperaturerhöhung günstig beeinflußt werden. Das gilt für das Beispiel von Wasser und Phenol, die sich erst bei einer Temperatur von 65,9° C vollständig vermischen.

| PHYSIKALISCHER ZUSTAND DER LÖSUNG | PHYSIKALISCHER ZUSTAND DER KOMPONENTEN | BEISPIELE |
|---|---|---|
| FESTSTOFF | LÖSUNG VON FESTSTOFF IN FESTSTOFF<br>LÖSUNG VON FLÜSSIGKEIT IN FESTSTOFF<br>LÖSUNG VON GAS IN FESTSTOFF | GOLD-SILBER-LEGIERUNG<br>AMALGAM<br>WASSERSTOFF IN PLATIN |
| FLÜSSIGKEIT | LÖSUNG VON FESTSTOFF IN FLÜSSIGKEIT<br>LÖSUNG VON FLÜSSIGKEIT IN FLÜSSIGKEIT<br>LÖSUNG VON GAS IN FLÜSSIGKEIT | ZUCKER IN WASSER<br>BENZIN<br>AMMONIAK IN WASSER |
| GAS | LÖSUNG VON FESTSTOFF IN GAS<br>LÖSUNG VON FLÜSSIGKEIT IN GAS<br>LÖSUNG VON GAS IN GAS | SUBLIMIERTES JOD IN DER LUFT<br>FEUCHTE LUFT<br>LUFT |

**Abb. 139.** Verschiedene Arten von Lösungen. Die Lösungen können binär, tertiär etc. sein, je nachdem, ob sie zwei, drei oder mehrere Komponenten enthalten. Lösungen können in ihrem physikalischen Zustand fester, flüssiger oder gasförmiger Art sein. Die Tabelle enthält eine Auflistung aller neun binären Lösungsarten.

**Abb. 140.** Die Lösung eines Gases in einer Flüssigkeit ist bei jeder Temperatur proportional zum Außendruck (Gesetz von Henry). Auf die Gültigkeit dieses Gesetzes trifft man beim Entkorken einer Sektflasche. Der Außendruck der Lösung wird geringer. Die Löslichkeit des $CO_2$-Gases wird dadurch herabgesetzt, und das überschüssige Gas versucht, durch Wegdrücken des Korkens zu entweichen. ▼

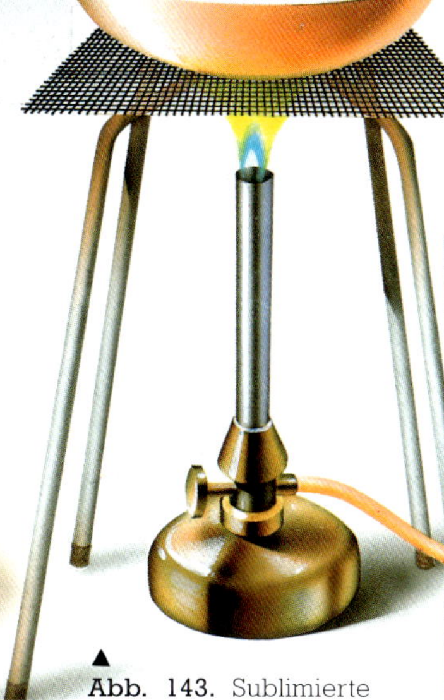

▲ **Abb. 143.** Sublimierte Jodpartikel in der Luft. Ein Beispiel für eine Feststoff-Gas-Lösung.

**Abb. 142.** Mischbarkeit von Flüssigkeiten: oben die mischbaren Flüssigkeiten, Ethanol und Wasser, unten die nichtmischbaren Flüssigkeiten, Speiseöl und Wasser.

**Abb. 144.** Alkoholmesser. Die Abbildung stellt einen Aerometer mit Gradeinteilung dar, an dem die Konzentration der Lösung in Volumenprozent (Alkoholgrade) abgelesen werden kann.

# Lösungen: Versuchsvorbereitung und -durchführung

Um im Labor eine Lösung vorzubereiten, deren Konzentration in g/l , p.p.m. oder mol/liter angegeben ist, wiegen wir die zuvor berechnete Menge des gelösten Stoffes ab und geben sie zu dem gewählten Lösungsmittel (im allgemeinen destilliertes Wasser). Dann gießen wir die Lösung in einen Meßkolben, dessen Mindestfassungsvermögen vorher berechnet wurde, und füllen den Kolben bis zum Eichmaß mit Lösungsmittel auf (Abb. 145).

Ist der gelöste Stoff eine Flüssigkeit, oder handelt es sich darum, eine Lösung zu verdünnen, ist es einfacher, das exakte Volumen des gelösten Stoffes zu nehmen, anstatt die Menge abzuwiegen. Zu diesem Zweck gibt es exakt skalierte Pipetten, mit denen das Volumen gemessen und durch Ansaugen entnommen werden kann. Ist die zu entnehmende Flüssigkeit toxisch oder korrosiv, steht eine Gummibirne mit drei Ventilen zur Verfügung. Damit kann die Pipette mit Flüssigkeit gefüllt und daraufhin geleert werden. Die Gummibirne füllt sich dann erneut mit Luft.

Das Arbeitsmaterial für solche Versuche muß gute Qualität haben und eine präzise Arbeitsweise gewährleisten. Die Volumen wurden exakt berechnet, was sogar soweit geht, daß im Glas die Temperatur des jeweiligen Volumens eingeritzt ist (Abb. 148).

Die verwendete Waage muß exakte Werte anzeigen (Abb. 146).

Es gibt heute in den Labors elektrische Waagen, mit deren Hilfe man Gewichte exakt und auf bequeme Weise ermitteln kann. Die zu wiegende Substanz wird nicht direkt auf die Waagschale gelegt. Ein Uhrglas dient als Unterlage.

Bei der Vorbereitung von Lösungen muß man mit der nötigen Ruhe vorgehen und die Reinheitsvorschriften befolgen. Andernfalls können folgenschwere Fehler begangen werden.

## MUSTERLÖSUNGEN

Im Handel bekommt man exakt vorbereitete Lösungen, sogenannte Musterlösungen. Damit läßt sich die Präzision einer Versuchsvorbereitung feststellen. Man nimmt eine Bürette und füllt die Musterlösung hinein, um die vorbereiteten Stoffe so zum Reagieren zu bringen. In einen Erlenmeyer-Kolben werden, zusammen mit einem Indikator, einige Milliliter der vorbereiteten Substanz gegeben. Der Indikator gibt an, wann die Reaktion abgeschlossen ist (im allgemeinen durch Farbwechsel). Der Inhalt wird geschüttelt, und die Musterlösung im Kolben setzt sich ab, bis der Indikator das Ende der Reaktion signalisiert.

Durch Vergleich der Lösungsvolumina ist es möglich, die Versuchsgenauigkeit mit einer einfachen Rechnung zu ermitteln (Abb. 147).

## ÜBLICHES ARBEITSMATERIAL

Präzisionswaage
Uhrglas
Reinigungsflasche
Meßkolben
Pipette
Gummibirne
Bürette
Erlenmeyer-Kolben
Unterlage
Bürettenhalter
Pinzette

**Abb. 145.** Versuchsvorbereitung für die Lösung eines festen Stoffes: 1) Durch eine einfache Rechnung wird die nötige Menge des Stoffes ermittelt und abgewogen. 2) Mit Hilfe eines Trichters wird die abgewogene Menge in einen Meßkolben mit entsprechendem Fassungsvermögen gefüllt. 3) Das verwendete Gefäß wird mit dem Lösungsmittel gereinigt (mit Hilfe einer Reinigungsflasche). 4) Das Spülwasser wird daraufhin in den Meßkolben gefüllt. 5) Es wird mehr Lösungsmittel hinzugefügt. 6) Der Kolben wird verschlossen und geschüttelt (es wird nochmals Lösungsmittel hinzugefügt und mehrere Male geschüttelt). 7) Das Volumen der Lösung wird bis zum Eichmaß oder zur Gefäßoberkante aufgefüllt.

**Abb. 146.** Abbildung einer Präzisionswaage mit einer Waagschale, wie sie in heutigen Labors verwendet wird.

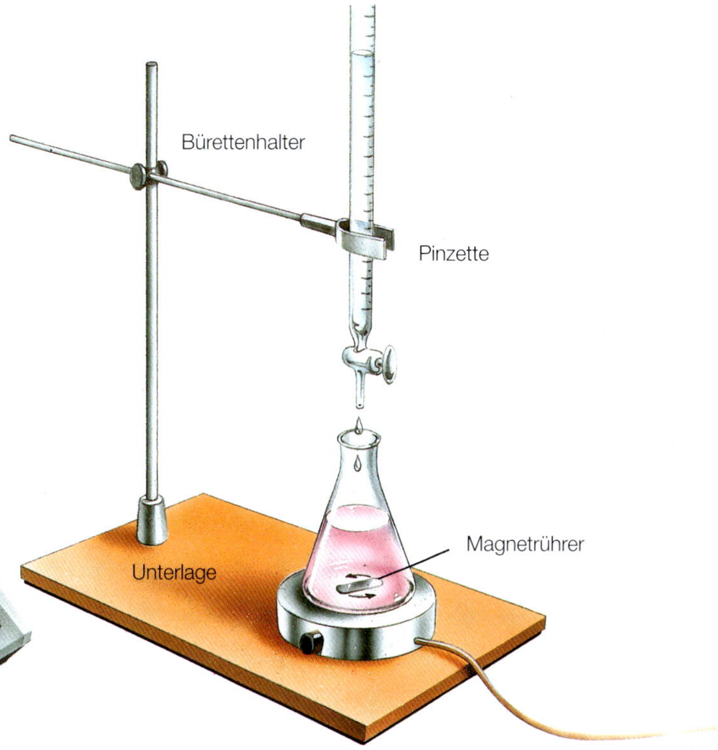


**Abb. 147.** Lösungsauswertung. Zum Rühren werden Magnetrührer verwendet. Das sind mit Kunststoff überzogene Metallstreifen, die in die Lösung eingebracht werden. Beim Einschalten des Geräts dreht sich das Metallteil im Innern.

**Abb. 148.** Gefäße aus Glas für Versuchsvorbereitungen.

# Kolligative Eigenschaften

Es gibt zwei Kategorien von Lösungen. Lösungen, die von der Art des gelösten Stoffes abhängen, und Lösungen, die unabhängig vom gelösten Stoff sind. Bereiten wir beispielsweise eine molare Lösung von Glycerinpropantriol ($CH_2OH$-$CHOH$-$CH_2OH$) vor und eine weitere mit Zucker ($C_{12}H_{22}O_{11}$), sind Eigenschaften wie Dichte, Viskosität, Brechungsindex, elektrische Leitfähigkeit etc., für jede Lösung völlig verschieden. Eigenschaften wie Dampfdruck, Gefrierpunkt, Siedepunkt und osmotischer Druck sind hingegen sehr ähnlich. Letztere nennt man *kolligative Eigenschaften* (von lat. colligatus = gemeinsam), da sie im allgemeinen von der Anzahl der gelösten Mole in einer bestimmten Lösungsmenge abhängen und nicht von der Art des verwendeten gelösten Stoffes.

## DAMPFDRUCK VON LÖSUNGEN. RAOULTSCHES GESETZ

Der französische Chemiker Francois Marie Raoult (1830-1901) untersuchte 1871 die Abnahme des Dampfdrucks eines flüchtigen Lösungsmittels bei Zufuhr eines gelösten Stoffes und stellte fest: *Die relative Dampfdruckerniedrigung einer flüchtigen Flüssigkeit bei Hinzugabe eines gelösten nicht ionisierbaren Stoffes entspricht dem Molenbruch des gelösten Stoffes.*

Dieses Phänomen ist grundsätzlich folgendermaßen zu erklären. Für jede Temperatur besitzen die Flüssigkeitsmoleküle ein bestimmtes Verdampfungsbestreben. Die Anzahl der Moleküle, die sich pro Flächeneinheit verflüchtigen, hängt von dem Dampfdruck ab, der sich mit der Flüssigkeit im Gleichgewicht befindet.

Fügen wir der Flüssigkeit einen gelösten Stoff zu, besteht die Oberfläche der Flüssigkeit nicht nur aus Molekülen des Lösungsmittels, sondern auch aus Molekülen des gelösten Stoffes. Folglich nimmt die Verdampfungswahrscheinlichkeit des Lösungsmittels ab und mit ihr der Dampfdruck. Das Raoultsche Gesetz gilt mit ziemlicher Genauigkeit für nicht ionisierbare Lösungen.

## GEFRIERPUNKTE VON LÖSUNGEN

Löst man einen Stoff in einem anderen, läßt sich beobachten, daß der Gefrierpunkt der Lösung herabgesetzt wird. Die Untersuchung der Gefrierpunktserniedrigung einer Lösung nennt man *Kryoskopie*. Sie beruht auf der von Raoult untersuchten Dampfdruckerniedrigung. Eine Flüssigkeit gefriert bei einer Temperatur, bei der Dampfdruck der Flüssigkeit und Dampfdruck des Feststoffs gleich sind. Fügen wir dem Lösungsmittel einen gelösten Stoff zu, sinkt der Dampfdruck der Flüssigkeit und zwangsläufig der Gefrierpunkt, bis das Gleichgewicht zwischen Dampfdruck des Feststoffs und der Flüssigkeit hergestellt ist (Abb. 150).

## SIEDEPUNKTE VON LÖSUNGEN MIT NICHTFLÜCHTIGEN GELÖSTEN STOFFEN

Wie bereits beschrieben, ist die Siedepunkttemperatur einer Flüssigkeit die Temperatur, bei der Dampfdruck und Außendruck gleich sind (S.60). Fügen wir der Lösung einen gelösten Stoff zu, nimmt der Dampfdruck der Lösung ab (Raoultsches Gesetz) und der Siedepunkt der Lösung gegenüber dem Lösungsmittel zu (Abb.150).

Die Untersuchung des Siedepunktes in Lösungen nennt man *Ebullioskopie*.

## OSMOSE

Trennen wir eine Lösung und ein Lösungsmittel durch eine *semipermeable* Membran, ist die Molekülmenge des Lösungsmittels, die zur Lösungsverdünnung durch die Membran diffundiert, größer als die Molekülmenge, die in umgekehrter Richtung diffundiert. Dieser Vorgang wird *Osmose* genannt. Nach einer gewissen Zeit ist ein Niveauunterschied festzustellen. Das Volumen der Lösung nimmt auf Kosten des Volumens des Lösungsmittels zu. Es entsteht ein hydrostatischer Druck, der sogenannte osmotische Druck.

Dieser Druck ist darauf zurückzuführen, daß sich die Moleküle des gelösten Stoffes im Flüssigkeitsinneren frei bewegen und sowohl gegeneinander als auch gegen die Gefäßwände stoßen. Die Zusammenstöße mit der Gefäßwand sind für den osmotischen Druck verantwortlich. Van´t Hoff bewies 1886, daß dem osmotischen Druck $\pi$ von verdünnten Lösungen dieselbe Gleichung zugrunde liegt wie idealen Gasen: $\pi V = nRT$.

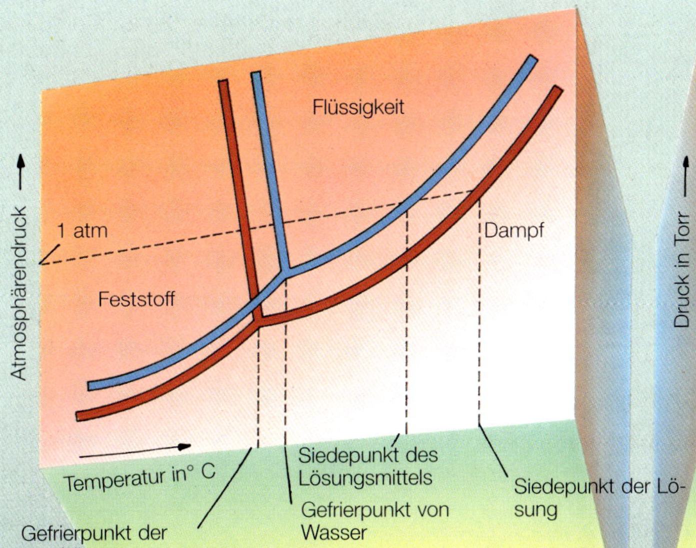


**Abb. 150.** Vergleich zwischen dem Phasendiagramm von reinem Wasser und dem Diagramm einer wasserhaltigen verdünnten Lösung, die einen nichtionisierten gelösten Stoff enthält.

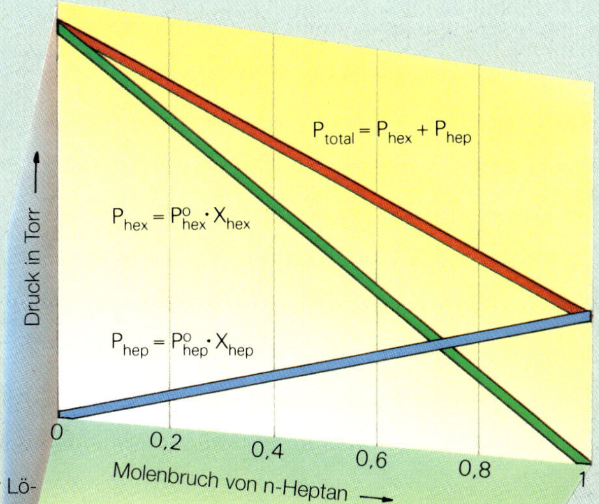


**Abb. 151.** Die rote Linie zeigt den Dampfdruck einer Hexan-Heptan-Lösung an. Die grüne Linie stellt den Partialdruck des Hexans dar und die blaue den Partialdruck des Heptans.

**Abb. 152.** Das Raoultsche Gesetz kann nicht auf Lösungen realer Flüssigkeiten angewandt werden. Die schwarzen Linien des Diagramms zeigen das ideale Verhalten der Lösungen an. Links läßt sich an den roten Linien eine positive Abweichung, rechts hingegen eine negative Abweichung vom idealen Verhalten feststellen.

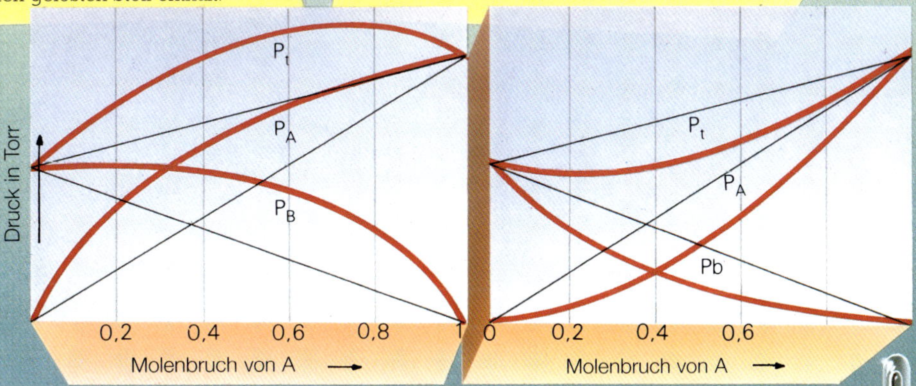


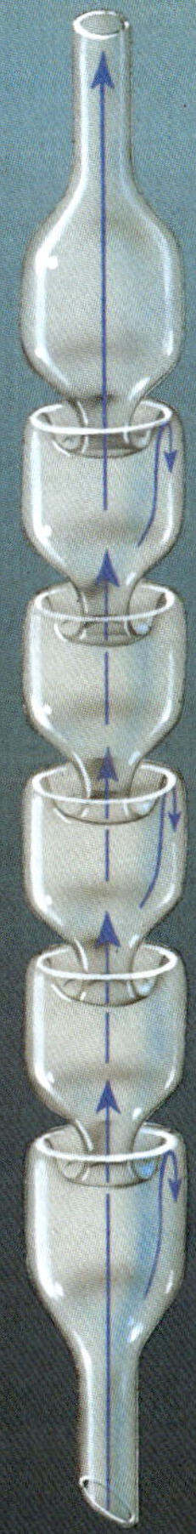

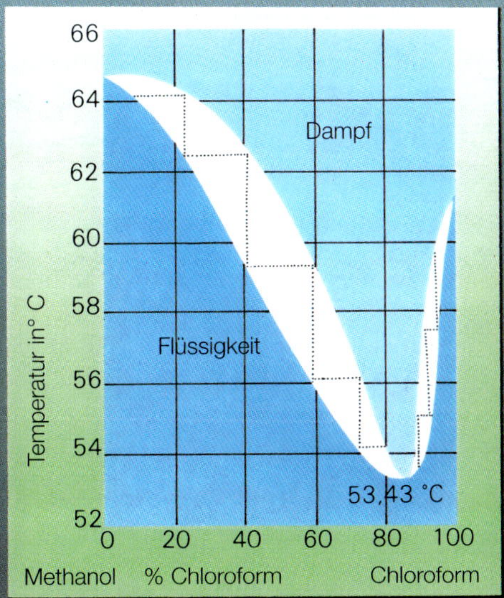


**Abb. 154.** Gelegentlich erhält man Kurven, die einen Punkt besitzen, in dem Dampf und kondensierende Flüssigkeit die gleiche Zusammensetzung haben. Man spricht dann von *azeotropen* Lösungen (vom griech. Sieden ohne Veränderung). Die Abbildung zeigt das Diagramm der Siede- und Kondensationspunkte der Methan-Chloroform-Lösung.

◀ **Abb. 155.** Die Trennung einer Flüssigkeitslösung durch Verdampfung geschieht in einem Schritt, der sogenannten *fraktionierten Destillation*.

**Abb. 153.** Zelle zur Messung des osmotischen Drucks einer Lösung.

# Energie in chemischen Reaktionen

Die *Thermodynamik* (vom griech. *therme* und *dynamis*) untersucht die unterschiedlichen Umwandlungsmöglichkeiten von Energie während einer chemischen Reaktion. Allgemein läßt sich ein Absorbieren oder Freiwerden von Energie in Form von Wärme, Licht, Elektrizität oder mechanischer Arbeit beobachten. Meist kommt Energie bei chemischen Reaktionen in Form von Wärme zum Ausdruck. Die *Thermochemie* beschäftigt sich mit diesem Bereich. Wird bei einer Reaktion Wärme erzeugt, spricht man von einer *exothermen,* wird bei einer Reaktion Wärmeenergie verbraucht, von einer *endothermen* Reaktion. Berücksichtigt man das *Prinzip der Energieerhaltung* - Energie kann weder produziert noch zerstört, sondern nur umgewandelt werden -, ist die Schlußfolgerung, daß die Energie der Endprodukte einer exothermen Reaktion geringer ist als die der Ausgangsstoffe (Reaktanten), offensichtlich (Abb. 157).

Bei einer endothermen Reaktion wird Energie aufgenommen, da die Endprodukte mehr Energie besitzen als die Reaktanten (Abb. 158). Man kann sich also die Frage stellen: Was versteht man unter Energie der Reaktanten und Energie des Endprodukts? Sowohl Reaktanten als auch das Endprodukt bestehen aus sich ständig bewegenden Molekülen, Atomen oder Ionen mit einer bestimmten *kinetischen* Translations-, Rotations- und Schwingungsenergie. Außerdem besitzen sie aufgrund der Bindungskräfte sogenannte *potentielle* Energie.

Die Gesamtheit dieser Energien nennt man die innere Energie eines stofflichen Sytems. Da bei chemischen Umwandlungen Bindungen gebildet und aufgelöst werden und die Teilchen der neu entstehenden Produkte in ihrer Beweglichkeit und anderen Eigenschaften von den Reaktanten abweichen, entsteht zwischen dem Anfangs- und Endstadium der Reaktion eine *innere Energiedifferenz.*

Die innere Energie eines Systems läßt sich nicht direkt messen, aber ihre Schwankungen können festgestellt werden. Betrachtet man das Verhalten eines in einem Gefäß mit beweglichem Kolben (Pumpkörper) eingeschlossenen Gases bei Zufuhr von Wärme und bei der Verrichtung von Arbeit am Gefäß, kann folgendes festgestellt werden. Das Prinzip von der Energieerhaltung bedingt, daß die Summe der Wärmeenergie (q) und der Energie der verrichteten Arbeit (W) gleich der Summe der internen Systemenergie ($\Delta E$) sein muß (Abb. 159). Es gilt: $q + W = \Delta E$. Das ist das *erste Prinzip der Thermodynamik.*

Die innere Energie ist eine Zustandsfunktion; sie hängt nur vom Anfangs- und Endzustand des Systems ab, und es ist gleichgültig, auf welchem Weg der Zustand erreicht wird (s.a. Satz von Heß). Bei einer Umwandlung mit konstantem Volumen wird keine Arbeit verrichtet. Die zugeführte Wärme wird gebraucht, um die innere Energie des Systems zu erhöhen. Bei einer Umwandlung mit konstantem Druck hingegen, wird die zugeführte Wärme ($q_p$) dazu verwendet, die innere Energie ($\Delta E$) zu erhöhen **und** Ausdehnungsarbeit zu leisten: $q_p = \Delta E + P\Delta V$. Daraus folgt: $q_p = q_V + P\Delta V$, wobei p = Druck und V = Volumen.

Da die meisten Reaktionen in einem unverschlossenen Gefäß stattfinden, ist $\Delta E$ im allgemeinen keine angemessene Größe, um die stattgefundene energetische Veränderung darzustellen. Es mußte eine neue Größe gefunden werden, die *Enthalpie* (H). Im Prinzip bezeichnet die Enthalphie H die Energiemenge E, die ein thermodynamisches System besitzt und die zwischen ihm und seiner Umgebung übertragen werden kann, zuzüglich der Volumenarbeit $P \cdot V$: $H = E + P \cdot V$. Daraus folgt: $\Delta H$ (Endprodukte H   Reaktanten H) = $\Delta E + P\Delta V$ . Insgesamt gilt daher: $q_p = \Delta H$ bei konstantem Druck. *Verliert das System an Wärme, ist $\Delta H$ negativ (exotherme Reaktion), wird dem System Wärme zugeführt, ist $\Delta H$ positiv (endotherme Reaktion).*

## NORMALE ENTHALPIE ODER STANDARDREAKTION

Die entstehende Reaktionswärme hängt von verschiedenen Faktoren ab: Masse der Reaktanten, Druck, Temperatur und Aggregatzustand der Reaktanten und der Endprodukte. Um Reaktionswärmen vergleichen zu können, wurde eine normale oder Standardenthalpie definiert. Es handelt sich dabei um die Wärme, die bei einer chemischen Umwandlung bei konstantem Druck entsteht, wenn Reaktanten und Produkte sich in ihrem normalen Zustand befinden. Eine Substanz befindet sich in normalem Zustand, wenn sie sich in einem stabilen Zustand befindet, d.h. bei einem Atmosphärendruck von 1 und einer Temperatur von 25° C.

## HEßSCHER SATZ

Im Jahre 1840 zeigte der schweizerisch-russische Chemiker Germain Henri Heß (1802-1850), daß die Wärmemenge, die bei der Umwandlung einer Substanz A in eine Substanz B entsteht, nur vom Anfangs- und Endzustand der beteiligten Stoffe abhängt, nicht aber vom Weg oder der Art der Umsetzung der Ausgangsstoffe in die Reaktionsprodukte. Mit dieser Entdeckung konnte die Reaktionswärme ermittelt werden, die experimentell nicht zu bestimmen war (Abb. 160).

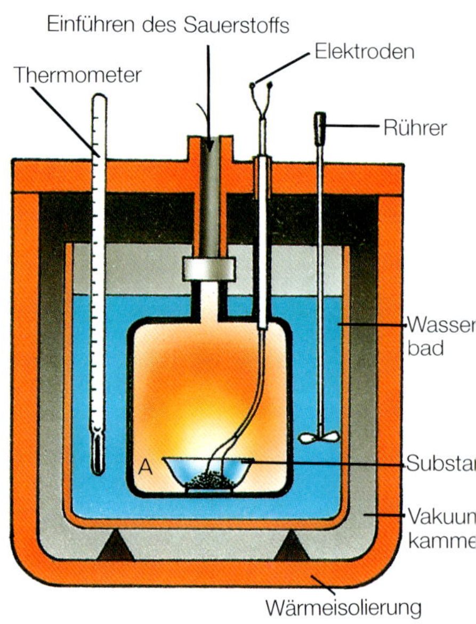


**Abb. 158.** Kalorimetrische Bombe zur Messung von Verbrennungswärme. Es handelt sich um einen Kalorimeter, dessen Kammer ausreichend widerstandsfähig ist, um hohen Temperaturen und Drücken standzuhalten. Die Reaktion ist explosiv, daher auch der Name. Ein Brennstoff, dessen Masse vorher bestimmt wurde, wird in die Kapsel A eingeführt. Durch die Zündung mittels der beiden Elektroden kommt es zu einer Verbrennung. Die in dieser exothermen Reaktion entstehende Wärme ist gleich der vom Kalorimeter und von dem den Reaktor umspülenden Wasser aufgenommenen Wärme. Mit einer einfachen Berechnung kann die Reaktionswärme bei konstantem Volumen ($\Delta E$) bestimmt werden. Die thermodynamische Berechnung setzt diesen Wert mit $\Delta H$ in Beziehung (bei konstantem Druck).

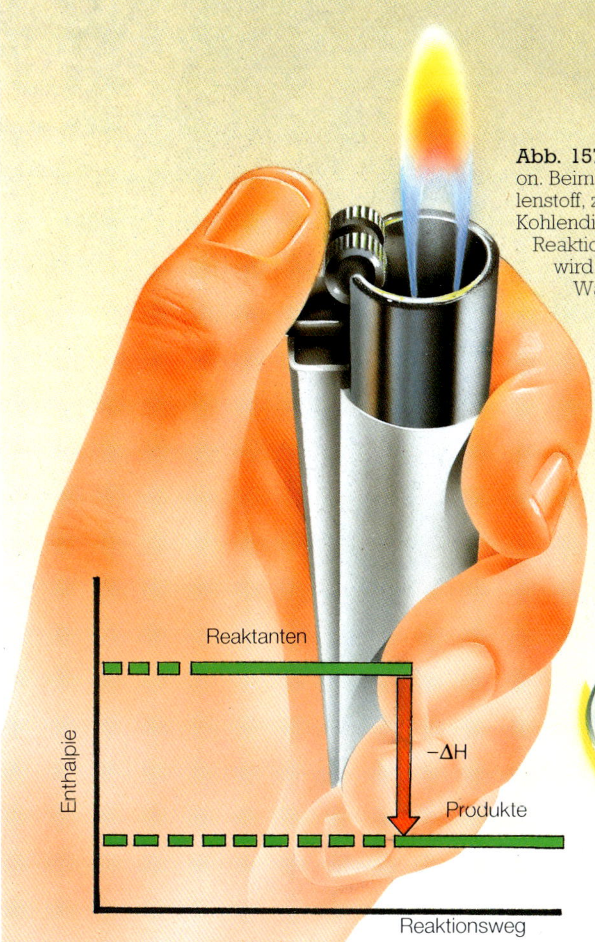


**Abb. 157.** Exotherme Reaktion. Beim Verbrennen von Kohlenstoff, z. B. Butangas, entsteht Kohlendioxid und Wasser. Die Reaktion ist exotherm, daher wird sie dazu verwendet, Wärme zu erzeugen.

**Abb. 157.** Enthalpiediagramm einer eothermen Reaktion. Die Energie der Endprodukte ist niedriger als die Energie der Reaktanten: Die Differenz der Enthalpie ist negativ.

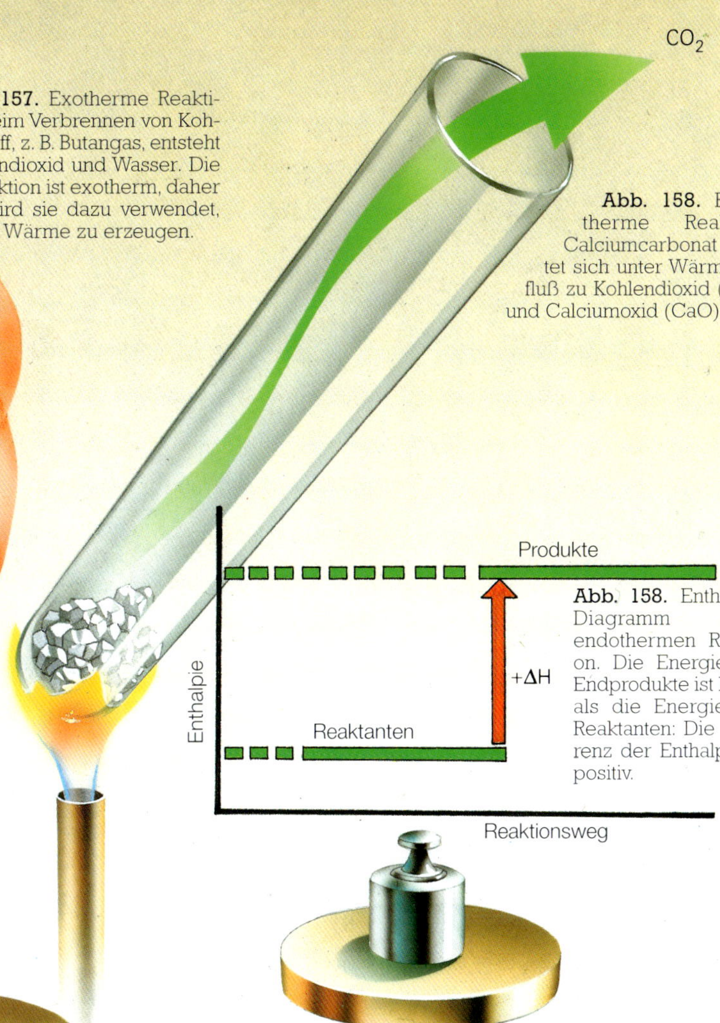


**Abb. 158.** Endotherme Reaktion. Calciumcarbonat spaltet sich unter Wärmeeinfluß zu Kohlendioxid ($CO_2$) und Calciumoxid (CaO).

**Abb. 158.** Enthalpie-Diagramm einer endothermen Reaktion. Die Energie der Endprodukte ist höher als die Energie der Reaktanten: Die Differenz der Enthalpie ist positiv.

**Abb. 159.** Anwendungsbeispiel für das erste Prinzip der Thermodynamik. Die einem eingeschlossenen Gas zugeführte Wärme wird zum Teil dazu verwendet, mechanische Arbeit zu verrichten (Kolben steigt). Die Restwärme wird vom System absorbiert und führt zu einem Anstieg der internen Energie (die Temperatur des Gases steigt). Die Gleichung.q = ΔE-W konnte bestätigt werden. Die verrichtete Arbeit trägt ein negatives Vorzeichen, da die Vektoren für Bewegung und Außenkraft entgegengesetzt sind.

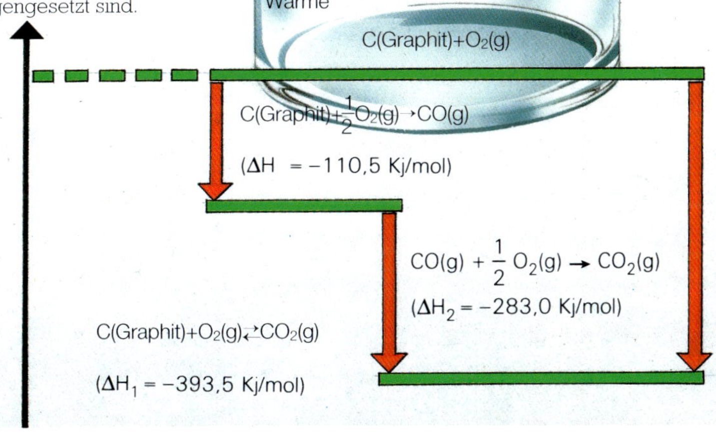


**Abb. 160.** Anwendungsbeispiel für den Heßschen Satz. In der Praxis ist es nicht möglich, die Reaktionswärme bei Bildung von Kohlenmonoxid (CO) direkt zu bestimmen. Die Reaktion ist nämlich nur dann vollständig, wenn ein Überschuß an Sauerstoff verwendet wird. Dann aber geht die Oxidation weiter als bis zum CO, und man erhält als Endprodukt $CO_2$. Das Diagramm zeigt, wie man dennoch die Energie bei der Herstellung von CO bestimmen kann (ΔH = -110,5 kJ/mol), wenn man die Energie des $CO_2$ ($\Delta H_1$) und die Verbrennungsenergie von CO ($\Delta H_2$) kennt.

# Allgemeines

Die *kinetische* Chemie beschäftigt sich mit der Reaktionsgeschwindigkeit und dem Reaktionsweg der Reaktanten bei ihrer chemischen Umwandlung.

Die Entwicklung, die diese Reaktantenmoleküle bei ihrer Umwandlung durchlaufen, stimmt nicht immer mit der entsprechenden chemischen Reaktionsgleichung überein. Nehmen wir folgende Reaktion als Beispiel:

$$H^2 + I^2 \Leftrightarrow 2HI$$

Man könnte glauben, daß diese Reaktion in einem Schritt abläuft, d.h. ein Wasserstoffmolekül würde direkt mit einem Jodmolekül reagieren, um Jodwasserstoff zu bilden. In diesem Fall würde man von einer geordneten Reaktion sprechen. Es gibt heute jedoch gute Gründe, anzunehmen, daß die Reaktion im wesentlichen in zwei Etappen verläuft:

$$I_2 \Leftrightarrow 2I$$

$$H_2 + 2I \Leftrightarrow 2HI$$

Die Gesamtheit der Etappen, die eine chemische Reaktion durchläuft, nennt man *Reaktionsmechanismus* und die an einem Schritt beteiligten Moleküle *Molekularität.*

Im Kapitel über die chemische Bindung wurde gesagt, daß die Atome in den Bindungen Elektronen miteinander teilen. Aber wie findet dieses Phänomen statt? Zur Beantwortung dieser Frage gibt es zwei sich ergänzende Theorien, die auf der Bewegungsenergie (kinetischen Energie) der Teilchen beruhen.

### KOLLISIONSTHEORIE

Diese Theorie wurde von Arrhenius entwickelt. Im wesentlichen läßt sie sich folgendermaßen erklären: Damit es überhaupt zu einer Reaktion kommt, müssen die Atome oder die am Prozeß beteiligten Moleküle mit der erforderlichen kinetischen Energie zusammenstoßen. Außerdem müssen die Zusammenstöße in die richtige Richtung erfolgen, damit der Ausgleich der Valenzelektronen auf der äußersten Schale oder anders gesagt, die chemische Bindung, stattfinden kann (Abb. 161). Die Mindestenergie, die den Reaktanten zugeführt werden muß, damit eine Reaktion stattfindet, nennt man *Aktivierungsenergie.*

### DIE THEORIE DES ÜBERGANGSZUSTANDES

Diese Theorie geht davon aus, daß sich, anstatt eines einfachen Zusammenstoßes von Atomen oder Molekülen eine Übergangs-verbindung, der sogenannte *aktivierte Komplex* bildet (Abb. 161d). Dieser ist sehr instabil, zerfällt leicht und bildet dann neue Produkte oder Reaktanten (Abb. 163). Aufgrund seiner Instabilität ist es nicht möglich, diesen aktivierten Komplex zu isolieren.

### REAKTIONSGESCHWINDIGKEIT

So wird die Geschwindigkeit genannt, mit der die Konzentration eines Stoffes (Reaktant oder Endprodukt) innerhalb einer Zeitspanne zu- bzw. abnimmt. Die meist verwendete Einheit für die Konzentration ist mol/l und für die Zeit die Sekunde, Minute, Stunde etc., je nachdem, welchen Zeitraum eine Reaktion benötigt. Die Reaktionsgeschwindigkeit ist nicht konstant, da die Wahrscheinlichkeit für Zusammenstöße der Atome mit zunehmendem Verbrauch der Reaktanten abnimmt und seltener aktivierte Komplexe gebildet werden. Aus diesem Grund beobachtet man, wie schnell sich die Reaktanten vermischen. Dies wiederum hängt von der *Anfangskonzentration* der Reaktanten ab. Aber wie sieht dieses Proportionalitätsverhältnis aus? Nur ein Laborversuch kann diese Frage klären (Abb. 162).

Die bei diesem Versuch erhaltenen Ergebnisse führen zu folgender Gleichung: $v = k\,[NO]^2[O_2]$, wobei k die Proportionalitätskonstante oder spezifische *Geschwindigkeits- oder Reaktionsgeschwindigkeitskonstante* darstellt. Die Formeln der Reaktanten in eckigen Klammern drücken ihre Konzentrationen in mol/l aus.

Bei der Reaktion von zwei Substanzen A und B kann die Reaktionsgeschwindigkeit v folgendermaßen formuliert werden: $v = k\,[A]^{\alpha}[B]^{\beta}$, wobei $\alpha$ und $\beta$ Teilreaktionsordnung genannt werden und von der Anzahl der an der Reaktion beteiligten Mole eines jeden Stoffes abhängen. Ihre Summe $(\alpha+\beta)$ bildet die *Gesamtreaktionsordnung.* Im Beispiel der Abbildung 162 handelt es sich um eine Reaktion 2. Ordnung bei NO und erster Ordnung bei $O_2$. Die Gesamtreaktion ist dann eine Reaktion dritter Ordnung.

### FAKTOREN, DIE DIE REAKTIONSGESCHWINDIGKEIT BEEINFLUSSEN

Es konnte im Versuch bewiesen werden, daß die Reaktionsgeschwindigkeit von der *Art der miteinander reagierenden Stoffe* abhängt. Je höher deren Konzentration, desto schneller die Reaktion. Auch die Berührungsfläche, die Temperatur und die Verwendung von *Katalysatoren* können die Reaktion beschleunigen. Einige Reaktionen, die sogenannten photochemischen Reaktionen, werden vor allem durch den Einfall von Licht ($h\nu$) beschleunigt.

**Abb. 161.** a) Zusammenstoß zwischen einem $NH_3$ Molekül und einem HCl Molekül. b) Es kommt zu keiner Reaktion, da die Moleküle nicht richtig ausgerichtet sind. c) Lewis Schreibweise von Reaktionen. d) Es bildet sich ein intermediärer Komplex (aktivierter Komplex).

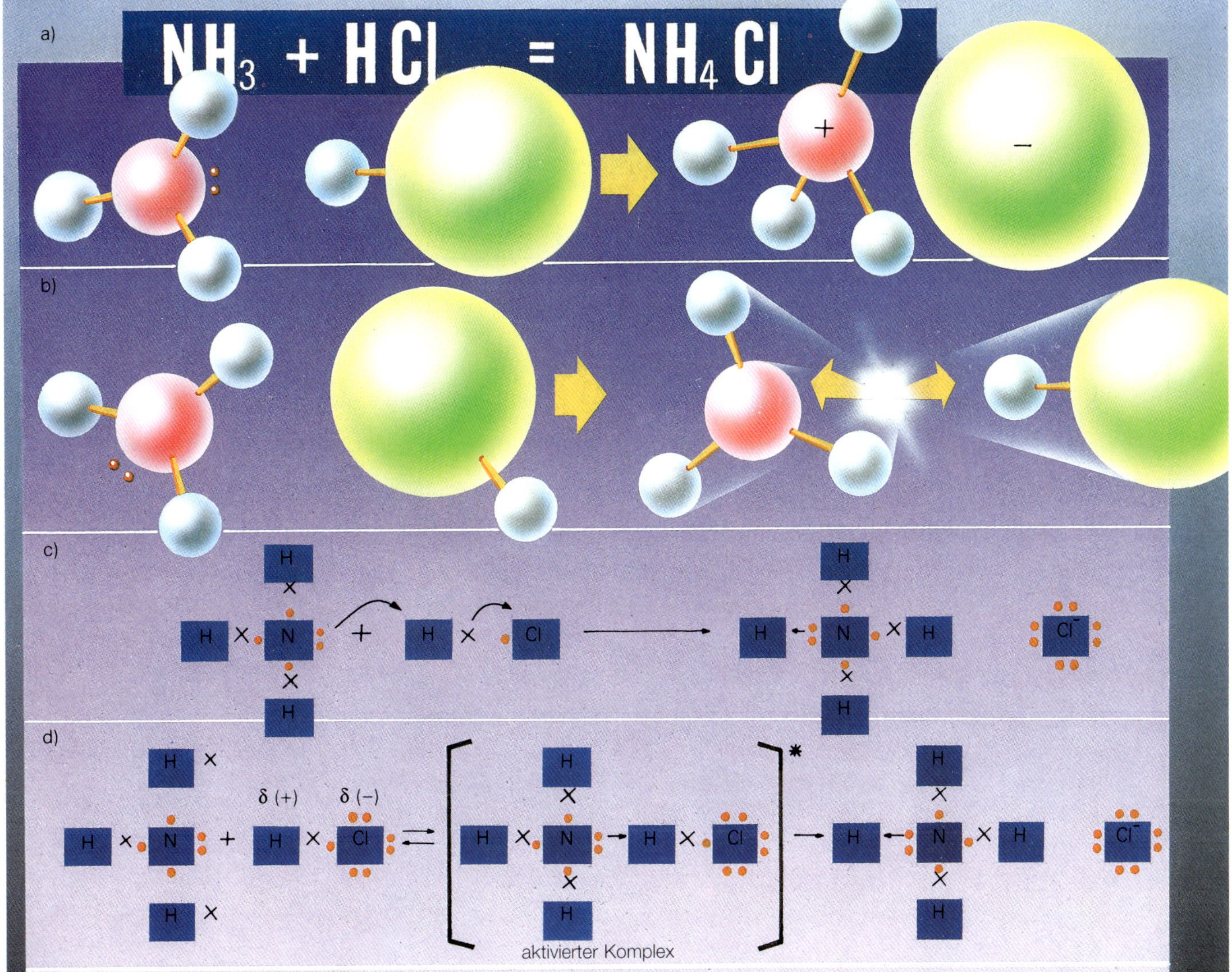


**Abb. 162.** Experimentelle Bestimmung der Oxidationsgeschwindigkeit von Stickstoffmonoxid bei 25° C für verschiedene Konzentrationen.

| Anfangskonzentration | | Geschwindigkeit |
|---|---|---|
| [NO] (mol/l) | [$O_2$] (mol/l) | mol/l·s |
| 0,020 | 0,010 | 0,028 |
| 0,020 | 0,020 | 0,057 |
| 0,010 | 0,020 | 0,014 |

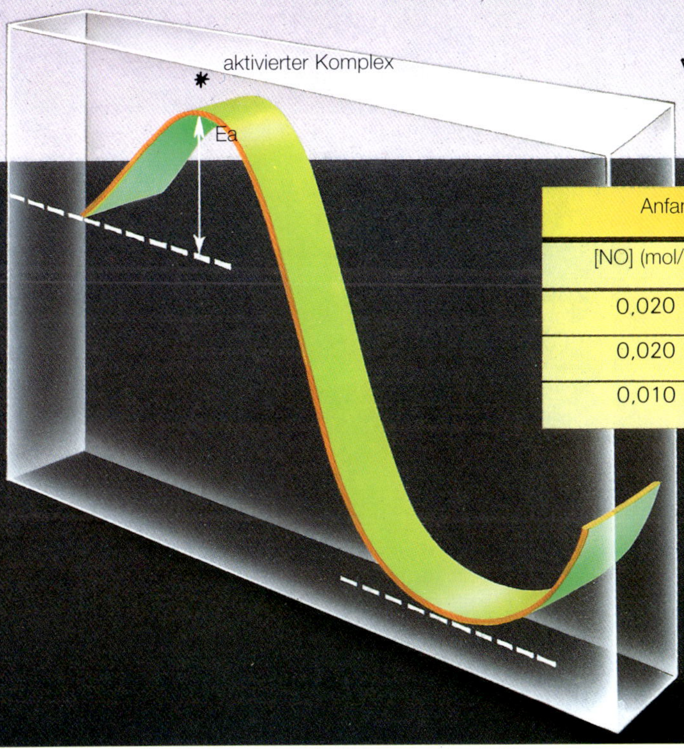


**Abb. 163.** Energiediagramm. Die Kollisionstheorie geht davon aus, daß die an einer Reaktion beteiligten Moleküle die Energie (Ea) haben. Die Theorie vom Übergangszustand beinhaltet die Bildung des aktivierten Komplexes.

# Gleichgewichtskonstante

Von *irreversiblen* Reaktionen spricht man, wenn die Endprodukte einer Reaktion nicht mehr weiter miteinander reagieren. Dies ist jedoch nur im Idealfall so. Die meisten Reaktionen laufen nicht so ab. In vielen Fällen können aus dem Endprodukt die Ausgangsstoffe(Reaktanten) wiederhergestellt werden, und man kann von zwei Reaktionsgeschwindigkeiten sprechen: der direkten zur Bildung des Endprodukts und der indirekten zur Wiederherstellung der Ausgangsstoffe. Derartige Reaktionen nennt man reversibel. Sie sind erst dann beendet, wenn ein Gleichgewichtszustand erreicht ist. Bei genauerer Betrachtung ist ersichtlich, daß es kontinuierlich zu einer Bildung und zum Zerfall von Produkten und Reaktanten kommt, dem sogenannten dynamischen Gleichgewicht. Aus diesem Grund wird bei dieser Art von Reaktion das Symbol → oder = durch das Symbol ⇔ ersetzt.

## MASSENWIRKUNGSGESETZ

Im Jahre 1863 veröffentlichten die norwegischen Chemiker Cato Maximilian Guldberg (1836-1902) und Peter Waage (1833-1900) eine Studie, in der sie feststellten, daß die Richtung einer reversiblen Reaktion nicht nur von der Masse der verschiedenen Komponenten abhängt, sondern auch von deren *Konzentration*. Genauer gesagt: *Für jede im Gleichgewicht befindliche Reaktion gilt, daß das Produkt der Konzentrationen der Reaktionsprodukte dividiert durch das Produkt der Konzentrationen der Reaktanten (mit stöchiometrischem Koeffizient) eine Konstante ergibt, die sich Gleichgewichtskonstante nennt.* Dieser Zusammenhang wird Massenwirkungsgesetz genannt. Für die Gleichgewichtskonstante steht der Buchstabe *K* mit Index *c* (für Konzentration). Betrachten wir eine beliebige reversible Reaktion:

$$\alpha A + \beta B <=> \nu C + \delta D$$

α, β, ν, δ, sind stöchiometrische Koeffizienten.

Das Gleichgewicht wird durch folgende Gleichung ausgedrückt:

$$K_C = \frac{[C]^\nu [D]^\delta}{[A]^\alpha [B]^\beta}$$

Die eckigen Klammern bedeuten, daß es sich um Konzentrationsangaben der jeweiligen Reaktanten handelt; diese werden in Mol/l angegeben.

Der Wert von $K_c$ wird experimentell ermittelt und hängt nur von der Temperatur ab, da die in der Gleichung angegebenen Konzentrationen ausschließlich von diesem Faktor abhängen. Variiert man die Temperatur, ändert sich auch der Wert von $K_c$, und es stellt sich folglich ein neues Gleichgewicht ein. Ist der Wert von $K_c$ groß, verschiebt sich das Gleichgewicht der Reaktion in Richtung der Endprodukte, ist der Wert klein, nimmt die Reaktion nur geringe Ausmaße an und bewegt sich in Richtung Reaktanten.

Der Wert der Gleichgewichtskonstante gibt also genauen Aufschluß darüber, welche Ausmaße eine Reaktion annimmt und liefert außerdem einen unverzichtbaren Wert für Berechnungen innerhalb einer reversiblen Reaktion. Sind Gase an solchen Reaktionen beteiligt, ist es einfacher, anstelle der Konzentrationen die Partialdrücke jedes einzelnen Gases zu verwenden.

## DAS PRINZIP VON LE CHATELIER

Im Experiment wurde bewiesen, daß jedes System im Gleichgewicht auf äußere Zwänge gleich reagiert. Im Jahre 1888 verallgemeinerte der französische Chemiker Henri Louis Le Chatelier (1850- 1936) diese Beobachtung und stellte folgendes Prinzip auf: *Wirkt ein äußerer Faktor auf ein sich im Gleichgewicht befindliches System ein (und verändert so das Gleichgewicht), versucht das System, diese Änderung durch Anpassung der anderen Zustandsgrößen (z.B. Volumenänderung) auszugleichen (Abb. 168), um das Gleichgewicht aufrechtzuerhalten und dem äußeren Zwang auszuweichen.*

In einer reversiblen Reaktion zwischen Gasen verschiebt ein Druckanstieg des Systems das Gleichgewicht auf die Seite, wo es weniger Gasmoleküle gibt. Ein Konzentrationsanstieg einer Substanz bewirkt eine Gleichgewichtsverschiebung zur entgegengesetzten Seite. Wird die Temperatur erhöht, verschiebt sich das Gleichgewicht in Richtung Wärmeabsorption.

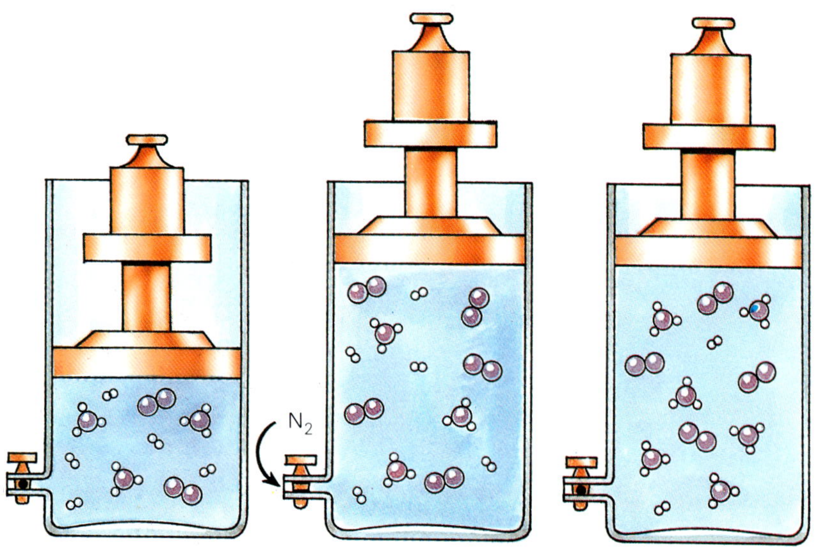


**Abb. 164.** Ammoniak wird industriell durch die Verbindung von Stickstoff mit Wasserstoff gewonnen: $N_2 + 3H_2 \Leftrightarrow 2NH_3$ + 92,3Kj (Synthese von Haber). Die Abbildung zeigt, daß ein Anstieg der Stickstoffkonzentration das Gleichgewicht in Richtung Ammoniakbildung verschiebt.

**Abb. 165.** Die direkte Reaktionsgeschwindigkeit vd ist bei Reaktionsbeginn am höchsten. Danach nimmt sie ab und nimmt den gleichen Wert wie die Umkehrreaktion an, die zu Beginn Null ist und mit der Zeit ansteigt. Es kann beobachtet werden, daß beide Geschwindigkeiten sich ausgleichen, aber nicht aufheben. Es handelt sich um einen dynamischen Prozeß.

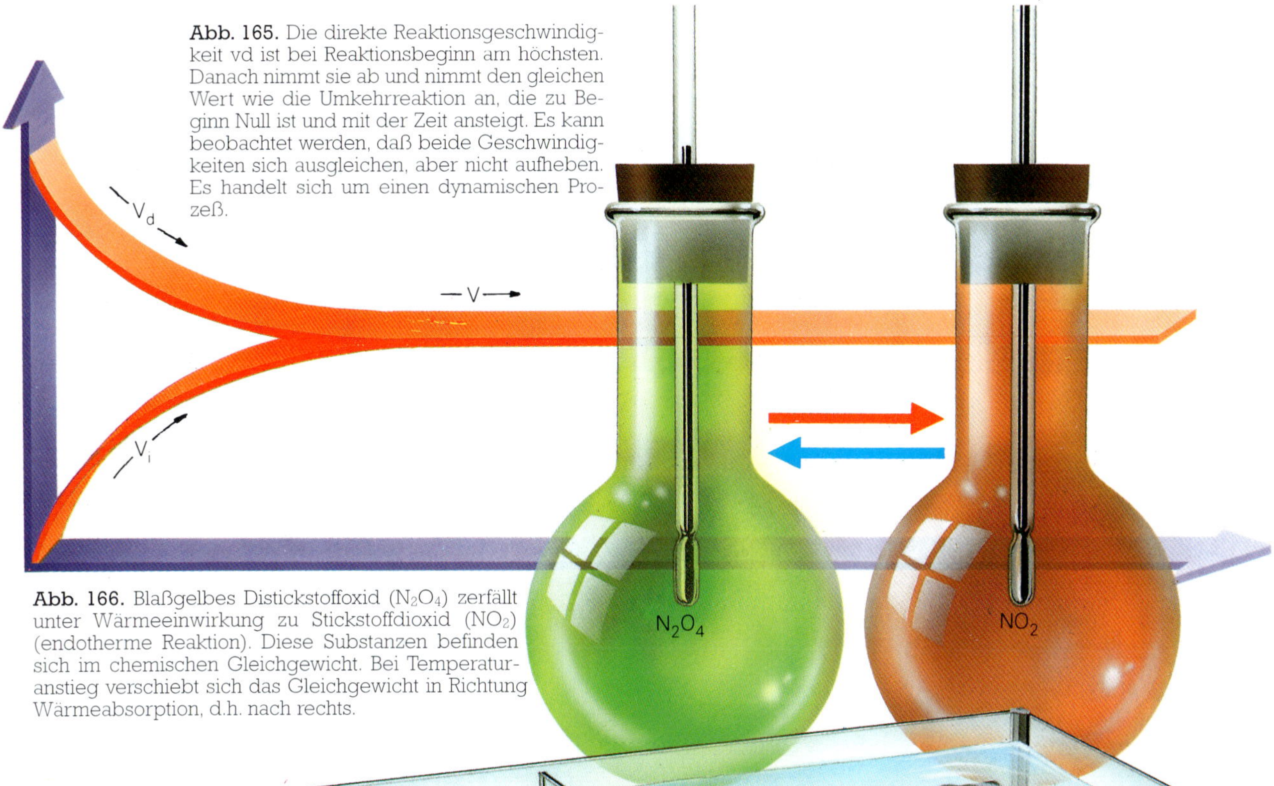


**Abb. 166.** Blaßgelbes Distickstoffoxid ($N_2O_4$) zerfällt unter Wärmeeinwirkung zu Stickstoffdioxid ($NO_2$) (endotherme Reaktion). Diese Substanzen befinden sich im chemischen Gleichgewicht. Bei Temperaturanstieg verschiebt sich das Gleichgewicht in Richtung Wärmeabsorption, d.h. nach rechts.

**Abb. 167.** Das Aquarium besteht aus zwei kommunizierenden Abteilen. In die linke Kammer werden rote Fische gegeben, in die rechte die gleiche Anzahl an schwarzen Fischen. Nach einer gewissen Zeit befinden sich gleich viele Fische jeder Farbe in den Abteilen. Das ist ein anschauliches Beispiel für ein dynamisches Gleichgewicht, ähnlich wie es bei reversiblen Reaktionen entsteht.

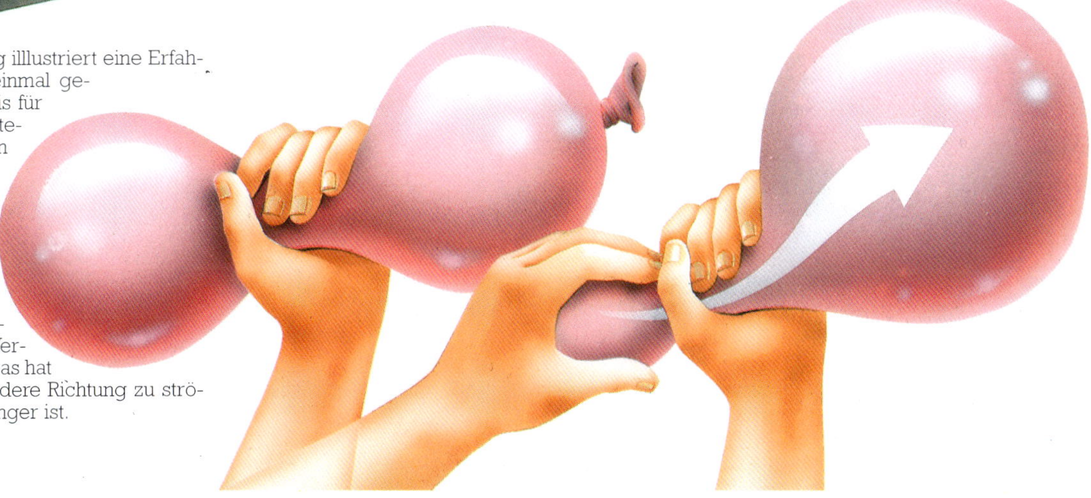

**Abb. 168.** Die Abbildung illustriert eine Erfahrung, die jeder schon einmal gemacht hat und als Beweis für das Prinzip von Le Chatelier gilt. Drückt man einen Luftballon zusammen, steigt der Druck in diesem Bereich, und der Gleichgewichtszustand, in dem sich die Luftmoleküle befinden, verschiebt sich in die Richtung, die den Ausgleich dieser äußeren Veränderung erlaubt. Das Gas hat das Bestreben, in die andere Richtung zu strömen, wo der Druck geringer ist.

# Säuren und Basen

Was haben alle Säuren oder alle Basen gemeinsam, bzw. wie erhält man eine Auflistung ihrer Eigenschaften wie in Abb. 169 dargestellt? Lavoisier (S. 12) war der erste, der versuchte, diese Frage zu beantworten. Er beobachtete, daß Säuren entstehen, wenn unter Sauerstoffeinwirkung verbrannte Stoffe nichtmetallischer Elemente in Wasser gelöst wurden. Er gab daher dem Sauerstoff den Namen Oxygen (griech. = Säureproduzent) und schloß daraus, daß die Eigenschaften von Säuren auf die Anwesenheit von Sauerstoff zurückzuführen waren. Später bewies Davy (S. 18), daß der Salzsäure Sauerstoff fehlte. Etwa zur gleichen Zeit zeigte Gay-Lussac (S.56), daß es sich mit der Cyanwasserstoffsäure ebenso verhielt. Beide vermuteten, daß die *Säureeigenschaften auf den enthaltenen Wasserstoff und nicht auf den Sauerstoff zurückzuführen waren.* Der deutsche Chemiker Justus von Liebig (1803-1873) beschrieb die Eigenschaften von Säuren etwas genauer, indem er sagte, *daß Säuren in der Lage waren, mindestens ein Wasserstoffatom durch ein Metallatom zu ersetzen.* In der Zeit von 1880-1890 bewies der schwedische Chemiker Svante August Arrhenius (1859-1927) die elektrische Leitfähigkeit von wäßrigen Elektrolytlösungen und die Ungültigkeit der kolligativen Eigenschaften (S.68). Er gab an, daß sich die Moleküle von Elektrolyten in Atomgruppen mit elektrischer Ladung den Ionen bei Lösung in Wasser spalteten. Er führte *die Säureeigenschaften auf die Anwesenheit von $H^+$ -Ionen zurück ($H_2SO_4 \rightarrow SO_4^{2-} + 2\ H^+$) und die basischen Eigenschaften auf $OH^-$ - Ionen ($KOH \rightarrow K^+ + OH^-$).* Nun verstand man, warum eine Säure mit einer Base zu Wasser und Salz reagierte. Die $H^+$- und $OH^-$ -Ionen verbinden sich zu Wasser. Man spricht von *Neutralisierung.*

### THEORIE VON BRÖNSTED UND LOWRY

Die Theorie von Arrhenius hatte den Nachteil, nur auf wäßrige Lösungen anwendbar zu sein und nicht den sauren oder basischen Charakter von Substanzen wie z.B. Ammoniak ($NH_3$) zu erklären. Johannes Nicolaus Brönsted (1879-1947) aus Dänemark und Thomas Martin Lowry (1874-1936) aus England stellten eine allgemeinere Theorie auf: *Säuren geben Protonen ab, und Basen nehmen Protonen auf.* Folglich konnte man nur von Säure sprechen, wenn es auch eine Base gab und umgekehrt, unabhängig davon, ob die Reaktion in wäßriger Lösung stattfand oder nicht. Nach Brönsted-Lowry geht die Säure durch Abgabe eines Protons in die korrespondierende Base und die Base durch Protonenaufnahme in die korrespondierende Säure über. Dieses Verhalten erklärt auch, warum eine starke Säure eine schwache Säure aus deren Verbindungen verdrängt Entsprechendes gilt für starke und schwache Basen. Als allgemeine chemische Gleichung läßt sich beispielsweise angeben:

$$\text{Säure (1)} + \text{Base (2)} \rightleftarrows \text{Säure (2)} + \text{Base (1)}$$

Die korrespondierenden Säure-Base-Paare in der obigen Gleichung sind Säure(1) und Base(1) sowie Base(2) und Säure(2).

$$H^2O + NH_3 \rightleftarrows OH^- + NH_4^+$$

$H^+$-Ionen existieren nicht in wässrigen Lösungen. Es bilden sich Hydroniumionen $H_3O^+$ (S.43), obwohl man aus Gründen der einfachen Schreibweise oft $H^+$ schreibt. Die Brönsted-Lowry-Theorie macht auch verständlich, warum Wasser amphoter ist, d.h. entweder als Säure oder als Base wirken kann. Es reagiert als Base, wenn eine Säure (z. B. HCl) zugegen ist, die eine stärkere Säure als Wasser darstellt. Das bedeutet, die Säure hat eine höhere Tendenz zur Protonenabgabe (Dissoziation) als Wasser:

$$HCl + H_2O \rightleftarrows H_3O + + Cl^-$$

Wasser kann umgekehrt als Säure reagieren, wenn eine Base zugegen ist, die stärker als Wasser ist (z. B. Ammoniak):

$$NH_3 + H_2O \rightleftarrows NH_4^+ + OH^-$$

### THEORIE VON LEWIS

Lewis (S.42) beobachtete, daß sich bei der Bildung eines Wassermoleküls aus einem Hydroniumion und einem Hydroxidion eine Atombindung bildet (Abb. 82). Untersucht man die zugrundeliegende Reaktion, sind die $OH^-$ -Ionen Elektronendonatoren und die $H^3O^-$ -Ionen Elektronenakzeptoren. Dieser Elektronenübergang ermöglichte die Aufstellung einer allgemeinen Theorie über Säuren und Basen, die auch auf Substanzen angewandt werden kann, die keine Wasserstoffatome in ihrem Molekül besitzen. *Als Säure bezeichnet man demnach eine Verbindung, die ein Elektronenpaar aufnehmen kann. Eine Base hingegen gibt die Elektronen wieder ab und bildet eine Atombindung* (Abb. 170c).

### DAS IONENPRODUKT VON WASSER

Reines Wasser ist ein schlechter elektrischer Leiter. Dies ist darauf zurückzuführen, daß Wasser in einer sehr geringen Eigendissoziation sowohl Wasserstoffionen als auch $OH^-$ -Ionen bildet: $2\ H_2O \rightleftarrows H_30+ + OH^-$.

Nach dem Massewirkungsgesetz gilt:

$$\frac{[H_3O^+]\ [OH^-]}{[H_2O]} = K_C$$

Die Formel $H_2O$ kann als konstant betrachtet werden, wenn sie den Wert $K_c$ ausdrückt. Man erhält eine neue Konstante $K_w$, das Ionenprodukt von Wasser $[H_3O^+][OH^-] = K_w$. Bei 25° C beträgt der Wert von $K_w$ $10^{-14}$. Da die Ionenlösung neutral ist gilt: $[H_3O^+] = [OH^-] = 10^{-7}$.

### PH-WERT

Löst man eine Säure in neutralem Wasser, steigt die Zahl der $H_3O^+$-Ionen, d.h. $H^3\ O^+ > 10^{-7}$. Analog dazu gilt: Löst man eine Base in neutralem Wasser, steigt die Konzentration an Hydroxidionen ($OH^- > 10^{-7}$). Da die Ionenkonzentration in beiden Fällen mit der Konstante $K_w$ zusammenhängt, genügt es, die Konzentration an $H_3\ O^+$-Ionen zu kennen, um zu wissen, ob eine Lösung sauer oder basisch ist. Im Jahre 1909 legte der Däne Peter Sören Lauritz Sörensen (1868-1939) den negativen Logarithmus der Konzentration an $H_3\ O^+$-Ionen, den sogenannten pH-Wert (Potenz der Konzentration der Hydroniumionen, Abb. 171) als Maß für den Säuregehalt einer Lösung fest.

**Eigenschaften von Säuren**

1. saurer Geschmack
2. reagieren mit einigen Metallen (wie mit Zn) und spalten Wasserstoff ab
3. färben Lackmus rot
4. leiten in wäßriger Lösung elektrischen Strom, sind elektrolytisch
5. sind im allgemeinen korrosiv
6. reagieren mit Basen zu Salzen

**Eigenschaften von Basen**

1. Laugengeschmack
2. sind schmierig beim Anfassen
3. färben Lackmus blau
4. leiten in wäßriger Lösung elektrischen Strom, sind elektrolytisch
5. sind im allgemeinen korrosiv
6. reagieren mit Säuren zu Salzen

**Abb. 169.** Eigenschaften von Säuren und Basen. Diese beiden Gruppen heben ihre spezifischen Eigenschaften in einer Reaktion gegenseitig auf.

**Abb. 170.** a) Ein $H^+$-Ion der Säure reagiert mit einem $OH^-$-Ion der Base zu Wasser (Theorie von Arrhenius). b) Neutralisationsreaktion nach den Vorstellungen von Brönsted-Lowry. c) Theorie von Lewis. d) Säurenachweis bei einer Substanz, die keine Wasserstoffatome besitzt, wie z.B. $BF_3$. Die Substanz nimmt ein Elektronenpaar auf, das vom Stickstoffatom des Ammoniakmoleküls abgegeben wurde.

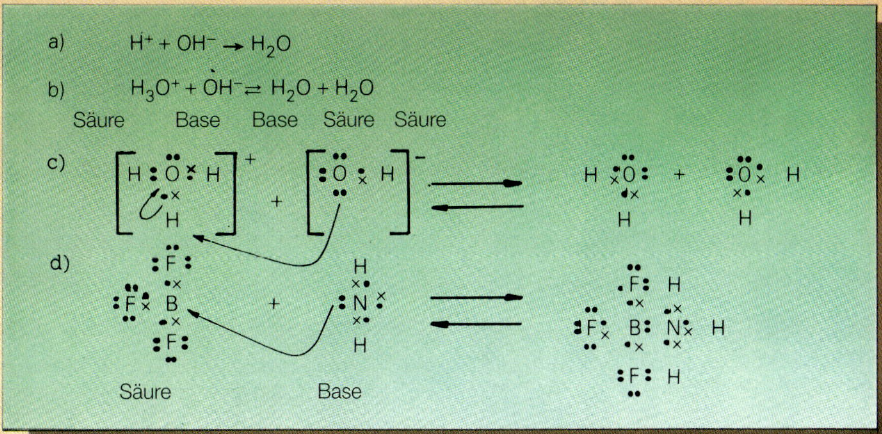


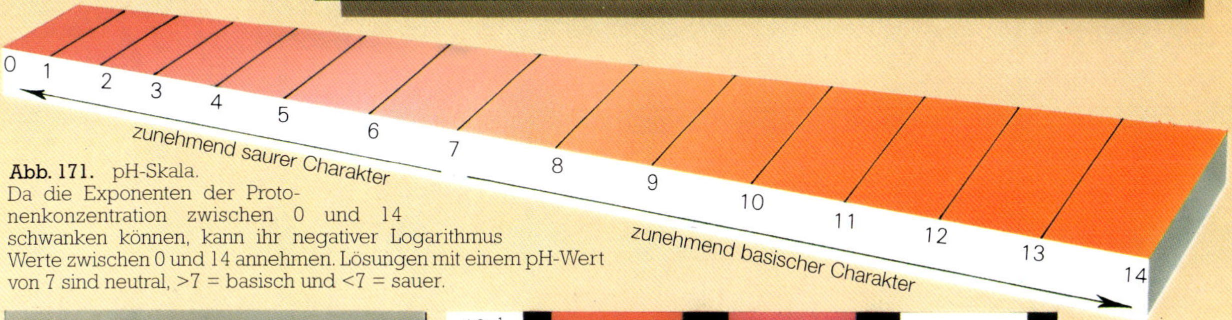


**Abb. 171.** pH-Skala.
Da die Exponenten der Protonenkonzentration zwischen 0 und 14 schwanken können, kann ihr negativer Logarithmus Werte zwischen 0 und 14 annehmen. Lösungen mit einem pH-Wert von 7 sind neutral, >7 = basisch und <7 = sauer.

Gleichgewicht zwischen einem Indikator und seinen Ionen

$HInd \rightleftarrows OH^+ + Ind^-$

Reaktion eines Indikators mit einer Base

$HInd + OH^- \rightarrow Ind^- + H_2O$

Reaktion eines Indikators mit einer Säure

$Ind^- + HA \rightarrow HInd + A^-$

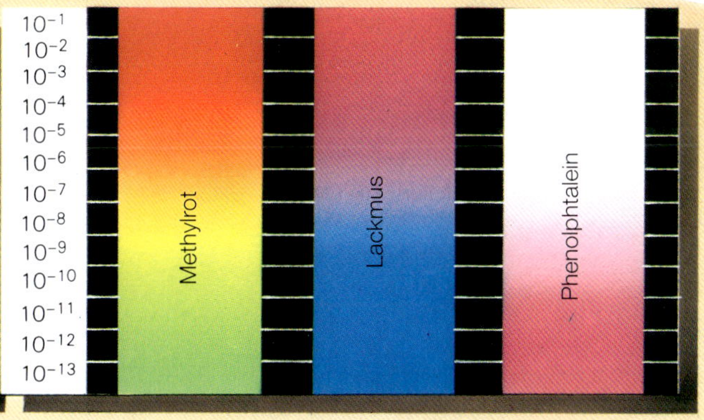


**Abb. 172.** Indikatoren. Indikatoren sind schwach saure oder basische Stoffe, die ihre Farbe ändern, wenn sie mit einer stärkeren Säure oder Base in Berührung kommen. Die Farbe variiert in Intervallen, die für jeden Indikator charakteristisch sind. Lackmus beispielsweise, ist in Säuren rot und in Basen blau. Phenolphtalein ist in neutralen und sauren Lösungen farblos und in basischen Lösungen rosa. Methylrot ist in Basen und neutralen Lösungen gelb und in Säuren rot. Auf der Abbildung erkennt man die jeweiligen Intervallkurven.

# Galvanische Zellen

### REDOXREAKTIONEN

Lavoisier (S.12) beobachtete 1772, daß sich die Oberfläche von Metallen beim Erwärmen in einem abgeschlossenen Luftraum mit einer Schicht überzog, die das Metall schwerer machte als es ursprünglich war. Er nannte die umhüllende Substanz *Oxid,* da sie durch die Verbindung des Luftsauerstoffs mit dem Metall zustande gekommen war. Chemische Umwandlungen, die einen Sauerstoffanstieg nach sich ziehen, heißen *Oxidationsreaktionen,* wie im Fall von Pb + $O_2$ ( $PbO_2$ (Blei + Sauerstoff → Bleidioxid). Den Oxidationsreaktionen entgegengesetzte Reaktionen, bei denen Sauerstoff abgegeben wird, heißen *Reduktionsreaktionen:* 2PbO + C → 2Pb +$CO_2$ (Bleioxid + Kohlenstoff → Kohlendioxid).

Wie man heute weiß, werden bei einer Oxidation *Elektronen abgegeben* und bei einer Reduktion *Elektronen aufgenommen.* Im ersten Beispiel hat das metallische Blei eine Oxidationszahl (S.48) von Null und das Bleiatom im Bleidioxid eine Oxidationszahl von +4. Das Blei hat also 4 Elektronen abgegeben. In der gleichen Reaktion hat das Sauerstoffgas eine Oxidationszahl von Null und im Oxid einen Wert von 2. Jedes Sauerstoffatom hat zwei Elektronen aufgenommen. Ein weiteres Beispiel für eine Oxidation und Reduktion ist z.B. auch folgende chemische Umwandlung: Ca + $Cl_2$ → $CaCl^2$. Calcium wird oxidiert, indem es zwei Elektronen abgibt, und Chlor wird reduziert, indem jedes Choratom ein Elektron aufnimmt. Jede Oxidation bedingt also auch eine Reduktion; sie sind immer miteinander gekoppelt. Derartige Reaktionen werden *Redoxreaktionen* genannt. Eine Substanz, die oxidierend wirkt, heißt *Oxidationsmittel,* eine Substanz, die eine Reduktion auslöst, heißt *Reduktionsmittel.* Im vorhergehenden Beispiel ist Chlor das Oxidationsmittel und Calcium das Reduktionsmittel.

### GALVANISCHE ZELLEN ODER VOLTAZELLEN

Luigi Galvani (1737-1798), Professor für Anatomie an der Universität von Bologna beobachtete 1789, daß Froschschenkel beim Anlegen einer Spannung mittels eines elektrostatischen Geräts krampfartig zusammenzuckten. Er beobachtete auch, daß die Muskeln sich kontrahierten und entspannten, wenn sie mit zwei verschiedenen Metallen in Berührung kamen. Das ließ die Frage aufkommen: Waren diese elektrischen Zuckungen auf die Metalle oder die Muskeln zurückzuführen? Galvani glaubte fälschlicherweise, daß das Muskelgewebe dafür verantwortlich war. Trotzdem ging der Name dieses Arztes in die Geschichte ein: So wird die durch zwei sich berührende Metalle entstehende Elektrizität ihm zu Ehren *galvanische Elektrizität* genannt, die Oberfläche von Eisen wird durch elektrischen Strom z.B. von Zinkkristallen überzogen und nennt sich *galvanisches Eisen,* und das Instrument zum Messen von elektrischem Strom nennt sich *Galvanometer.*

Um zu beweisen, daß der elektrische Strom, der bei Berührung von zwei unterschiedlichen Metallen mit dem Muskel auftrat, seinen Ursprung in den Metallen hatte und nicht in dem tierischen Muskelgewebe, entwarf der italienische Physiker Alessandro Volta (1745-1827) 1793 die *elektrische Zelle.*

Sie bestand aus vertikal angeordneten Scheiben aus Kupfer, Zink, Pappe (mit Salzwasser oder Natriumhydroxid durchtränkt), Kupfer, Zink und wiederum durchtränkter Pappe. Die erste Scheibe war ein Metall, während die letzte Scheibe ein Nichtmetall war. Verband man den unteren und oberen Teil mit einem Draht, floß ein kontinuierlicher Strom. Volta nannte seine Erfindung »künstliches elektrisches Tierorgan«, da es, ähnlich wie bei Galvanis Tierversuch, zu elektrischen Entladungen kam.

Die elektrische Ladung der voltaischen Zelle nahm jedoch schnell ab. Der englische Chemiker John Frederic Daniell (1790-1845), ein Freund Faradays (S.18), erfand eine Zelle, die in der Lage war, über eine längere Zeit hinweg elektrischen Strom zu produzieren.

### FUNKTIONSWEISE EINES DANIELL-ELEMENTS

Ein Daniell-Element ist in Abb. 173 dargestellt. Die Kombination zwischen Metall und Lösung nennt sich *Elektrode.* Das Phänomen ist auf eine *Oxidation* und eine *Reduktion* zurückzuführen, die jeweils in einem anderen Gefäß ablaufen. Die Elektronen werden durch einen äußeren Kreislauf übertragen und rufen die elektrische Spannung hervor. Bei der Reaktion wird Energie frei. Die Elektrode, an der die Oxidation abläuft, nennt sich *Anode* (Minus-Pol) und die Elektrode, an der die Reduktion abläuft *Kathode* (Plus-Pol). An der Zinkelektrode findet spontan eine *Oxidation* statt und an der Kupferelektrode eine *Reduktion.* Folgende Teilreaktionen laufen ab:

Oxidation

$$Zn_{(s)} \rightarrow Zn^{+2}(aq) + 2e^-$$

Reduktion

$$Cu^{+2}(aq) + 2e^- \rightarrow Cu_{(s)}$$

Gesamtgleichung

$$Zn_{(s)} + Cu^{+2}(aq) \rightarrow Zn^{+2}(aq) + Cu_{(s)}$$

Die *Salzbrücke* erfüllt zwei Funktionen. Erstens eine Vermischung der Lösungen zu ermöglichen und zweitens für die Aufrechterhaltung der elektrischen Neutralität, d.h. für den Fluß der positiven Ionen zur Kupferlösung und der negativen Ionen zur Zinklösung zu sorgen. Die maximale Potentialdifferenz, die sich zwischen den beiden Elektroden ohne angelegte Spannung einstellen kann, nennt sich *elekromotorische Kraft.* Zu Ehren Voltas wird sie in Volt gemessen.

**Abb. 173.** Daniells Zelle. Sie besteht aus zwei Gefäßen mit Zinksulfat und Kupfer(II)-sulfat. In jedes Gefäß gibt man einen Stab des entsprechenden Metalls: Zink und Kupfer. Die beiden Lösungen sind durch eine Salzbrücke (Lösung aus KCl oder $KNO_3$-) verbunden. Zink oxidiert spontan zu Zinkionen $Zn^{2+}$, die in Lösung gehen. Die vom Zink abgegebenen Elektronen passieren den externen Kreislauf bis zum Kupfer, der sie an die $Cu^{2+}$-Ionen abgibt (Reduktion).

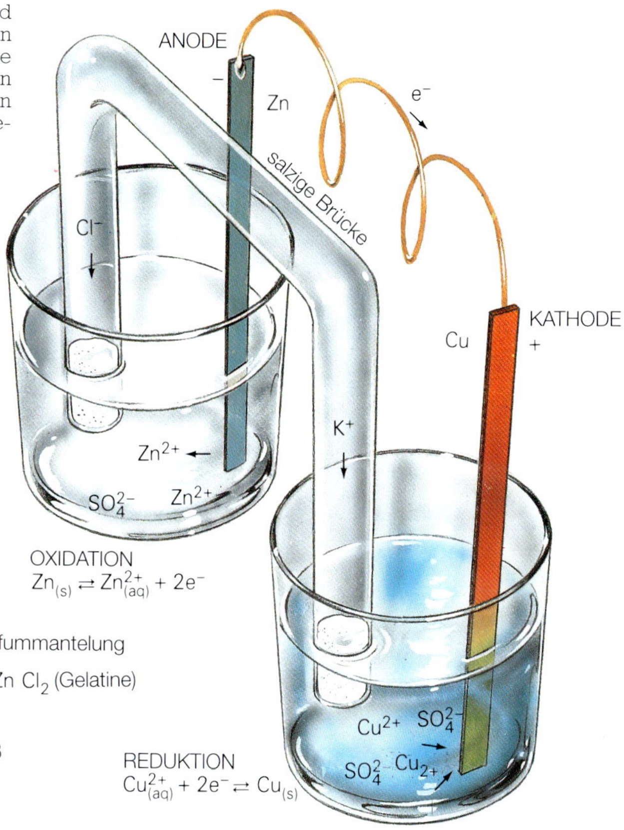


OXIDATION
$Zn_{(s)} \rightleftarrows Zn^{2+}_{(aq)} + 2e^-$

REDUKTION
$Cu^{2+}_{(aq)} + 2e^- \rightleftarrows Cu_{(s)}$

**Abb. 174.** Trockenelement (Leclanché-Element). Das Leclanché-Element erweist sich als besonders praktisch, da keine Flüssigkeit gebraucht wird. Das Element besteht aus einer Zinkelektrode und einem von Braunstein ($M_nO_2$) umgebenen Graphitstab. Als Elektrolyt wird eine Lösung aus $NH_4Cl$, $H_2O$ und ZnCl eingesetzt, die verfestigt wird.

Anode
$Zn_{(s)} \rightarrow Zn^{2+}_{(aq)} + 2e^-$

Kathode
$2NH_4^+ + 2e^- \rightarrow 2NH_{3(g)} + H_{2(g)}$

$H_{2(g)} + 2MnO_{2(s)} \rightarrow M_2O_{3(s)} + H_2O_{(l)}$

$2NH_{3(g)} + Zn^{2+}_{(aq)} + 2Cl^-_{(aq)} \rightarrow [Zn(NH_3)_2]\,Cl_2$

Gesamtreaktion
$Zn_{(s)} + 2MnO_{2(s)} + 2NH_4\,Cl_{(s)} \rightarrow Zn(NH_3)\,Cl_{2(s)} + Mn_2O_{3(s)} + H_2O_{(1)}$

Anode
$Zn_{(s)} + 2OH^- \rightarrow ZnO_{(s)} + H_2O + 2e^-$

Kathode
$HgO_{(s)} + H_2O + 2e \rightarrow Hg_{(1)} + 2OH^-$

Gesamtreaktion
$Zn_{(s)} + HgO_{(s)} \rightarrow ZnO_{(s)} + Hg_{(l)}$

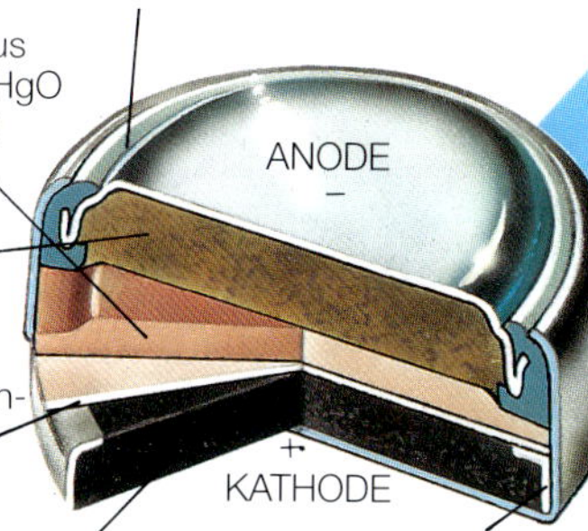


**Abb. 175.** Zelle von Ruben Mallory. Die Technik macht immer kleinere Zellen erforderlich. In den letzten Jahren wurde eine Quecksilberzelle mit einem Potential von 1,35 V entwickelt.

Anode
$Zn_{(s)} + 2OH^- \rightarrow ZnO_{(s)} + H_2O_{(l)} + 2e^-$

Kathode
$2MnO_{2(s)} + H_2O_{(l)} + 2e^- \rightarrow Mn_2O_3 + 2OH^-$

Gesamtreaktion
$Zn_{(s)} + 2MnO_{2(s)} \rightarrow ZnO_{(s)} + Mn_2O_{3(s)}$

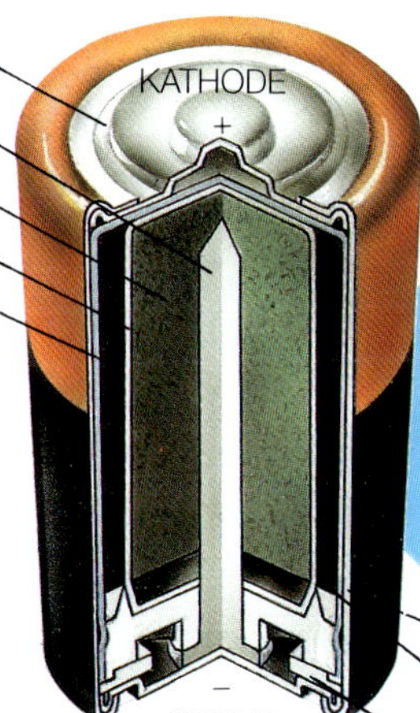


**Abb. 176.** Alkalizelle. Diese Zelle hat eine besonders lange Lebensdauer und funktioniert auch bei niedrigeren Temperaturen.

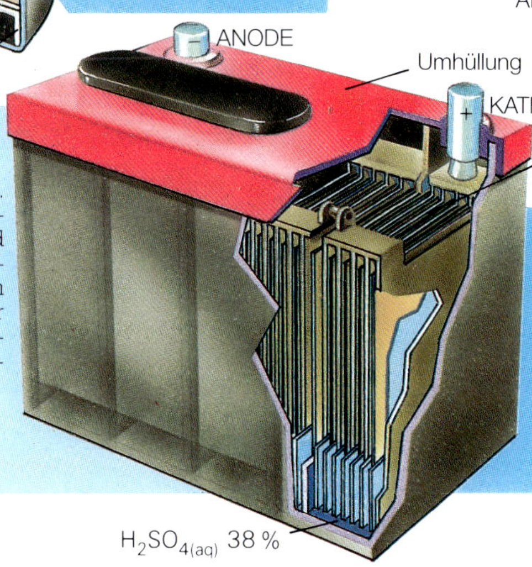


**Abb. 177.** Bleiakkumulator. Nennt sich auch Sekundärzelle, da sie sich im Unterschied zu den vorherigen Primärzellen nach Verbrauch durch elektrische Spannung wieder aufladen läßt. Die Anode besteht aus reinem Blei, die Kathode aus Bleidioxid ($PbO_2$).

Entladung

Anode
$Pb_{(s)} + SO^{2-}_{4(aq)} \rightarrow PbSO_{4(s)} + 2e^-$

Kathode
$PbO_{2(s)} + 4H^+_{(aq)} + SO_4^{2-} + 2e^- \rightarrow PbSO_{4(s)} + 2H_2O_{(l)}$

Ladung

Anode
$PbSO_{4(s)} + 2e^- \rightarrow Pb_{(s)} + SO^{2-}_{4(aq)}$

Kathode
$PbSO_{4(s)} + 2H_2O \rightarrow PbO_{2(s)} + 4H^+ + SO_2^{2-} + 2e^-$

Gesamtreaktion
$Pb_{(s)} + PbO_{2(s)} + 2H_2SO_{4(aq)} \underset{\text{Ladung}}{\overset{\text{Entladung}}{\rightleftarrows}} 2PbSO_{4(s)} + 2H_2O_{(l)}$

# Elektrolyse

Werden in destilliertes Wasser zwei Leiter sogenannten *Elektroden* aus Kohle oder Platin getaucht, eine elektrische Glühlampe dazwischengeschaltet und Gleichstrom angelegt (Abb. 179 oben), kann man beobachten, daß die Lampe nicht leuchtet. Es fließt kein Strom oder nur in ganz geringfügiger Menge. Fügt man dem Wasser einige Tropfen einer Säure hinzu, leuchtet die Lampe sofort auf, ein sicheres Zeichen dafür, daß Strom fließt (Abb. 179 unten).

Stoffe, die in wäßriger Lösung oder in geschmolzenem Zustand in der Lage sind, Strom zu leiten, nennt man Elektrolyte. Diese Stoffe haben die Eigenschaft, in geschmolzenem Zustand oder gelöst in Wasser Ionen abzugeben. Bei Anlegen einer Spannung an den Elektrolyten scheiden sich die positiv geladenen Kationen (z.B. Metallionen) an der Kathode (negative Elektrode), die negativ geladenen Anionen (z.B. Halogenionen) an der Anode (negative Elektrode) ab.

Abb. 180 zeigt ein einfaches Experiment, das die Ionenbeweglichkeit demonstriert. Im Innern der leitfähigen Lösung gibt es zwei entgegengesetzte Wanderungsrichtungen der Ionen: einen positiven Strom, der sich zur Kathode bewegt, und einen negativen Strom, der zur Anode geht. Wenn die Ionen die Elektroden erreichen, verlieren sie ihre elektrische Ladung, und es kommt zu einer Oxidation oder einer Reduktion. Diese Vorgänge nennt man Elektrolyse, was soviel bedeutet wie Zersetzung durch Elektrizität. Das Gefäß, das die Lösung und die Elektroden enthält, nennt man *Zelle*.

### ELEKTROLYSE VON NATRIUMCHLORID

Natriumchlorid hat einen hohen Schmelzpunkt von 802° C. Um diesen Schmelzpunkt deutlich auf ca. 600° C herabzusetzen, wird Calciumchlorid hinzugesetzt. Ist das Salz geschmolzen, kommt es zur Elektrolyse der Flüssigkeit und die folgenden Reaktionen finden statt:

Anode (Plus-Pol)

$2C^{l} \rightarrow Cl_2(g) + 2e^-$ Oxidation

Kathode (Minus-Pol)

$Na^+ + 1e^- \rightarrow Na$ Reduktion

Gesamtreaktion

$2Na^+ + 2Cl^- \rightarrow Cl^2(g) + 2Na$

An der Anode wird gelbgrünes Chlorgas frei, während sich an der Kathode metallisches Natrium absetzt (Abb. 181). Oxidations- und Reduktionsvorgang vollziehen sich jeweils an der Anode und der Kathode, wie im Falle der galvanischen Zellen. Die Polarität der Elektroden ist jedoch bei beiden elektrochemischen Phänomenen entgegengesetzt, denn bei der galvanischen Zelle ist die Anode der negative Pol und die Kathode der positive Pol.

Bei der Elektrolyse einer wäßrigen Lösung ist es schwierig, vorab eine Aussage über die Endprodukte zu machen, da das Produkt von der Konzentration des Elektrolyten abhängt. Die Elektrolyse einer konzentrierten Natriumchloridlösung läuft wie folgt ab:

Anode $2Cl \rightarrow Cl_2(g) + 2e$

Kathode $Na^+ + 1e^- \rightarrow Na$

Sekundärreaktion

$2Na + 2H^2O \rightarrow H_2(g) + 2Na^+ + 2OH^-$

Gesamtreaktion

$2H^2O + 2Cl^- \rightarrow Cl^2(g) + H^2(g) + 2OH^-$

An der Anode wird Chlorgas frei und an der Kathode Wasserstoff. Natrium erfährt keine Veränderung, und die Lösung bleibt aufgrund der entstandenen $OH^-$-Ionen (Hydroxidionen) basisch.

### FARADAYSCHE GESETZE

Faradays (S.18) quantitative Darstellung der Elektrolyse ist heute unter dem Begriff »Faradaysche Gesetze« bekannt und kann folgendermaßen formuliert werden:

1. Die beim Stromdurchgang durch einen Elektrolyten abgeschiedenen Stoffmengen sind der hindurchgegangenen Elektrizitätsmenge proportional.

2. Die Elektrizitätsmenge, die benötigt wird, um ein Mol eines Stoffes, das ein Elektron während einer Reaktion in einer galvanischen Zelle aufnimmt oder abgibt, abzulagern oder abzuscheiden, beträgt 96.496 • n Coulomb, d.h. 1 Faraday. *Sind an der Reaktion n Elektronen beteiligt, werden 96.496 • n Coulomb benötigt, d.h. n Faradays, um ein Mol eines Produkts abzulagern oder abzuscheiden* (Abb. 182).

### BERECHTIGUNG DER AVOGADROZAHL

Um ein Mol metallisches Natrium (23 g), $Na^+ + 1e^- \rightarrow Na$, abzulagern, werden 96.496 Coulomb Elektrizität benötigt. Da jedes Natriumion ein Elektron ($1.6062 \cdot 10^{-19}$ Coulomb) benötigt, um ein Metallatom abzulagern, sind

$$\frac{96.496}{1.602 \cdot 10^{-19}} = 6{,}0235 \cdot 10^{23}$$

Elektronen (1 Mol Elektronen) erforderlich. Folglich besitzen 23 g Natrium $6{,}02 \cdot 10^{23}$ Atome ($N^A$).

### ANWENDUNGSGEBIETE DER ELEKTROLYSE

Die Elektrolyse wird in der Industrie in großem Maßstab zur Herstellung von Wasserstoff, Sauerstoff, Aluminium, Kupfer, Alkali- und Erdalkalimetallen etc. angewandt. Außerdem verwendet man die Elektrolyse bei der Galvanisierung und Reinigung von Metallen. Bei der Galvanisierung werden im allgemeinen metallische Schichten aufgetragen, gelegentlich aber auch Kunststoffschichten zum Zwecke der Verschönerung und des Schutzes vor Korrosion. Der Gegenstand, der galvanisiert werden soll, bildet die Kathode. Der Elektrolyt ist ein metallisches Salz, das das Bestreben hat, sich abzulagern. Man erhält eine Verchromung, Vernickelung, Vergoldung, Versilberung etc. des Gegenstandes, je nachdem, welches metallische Salz verwendet wurde.

**Abb. 179.** Wasser ist nur wenig elektrisch leitfähig. Es genügt jedoch, eine geringe Menge eines Elektrolyten hinzuzufügen, damit ein Strom fließt und die Lampe brennt.

**Abb. 180.** Im unteren Teil der U-Röhre befindet sich eine dunkelgrüne Kupferdichromat- ($CuCr_2O_7$-) Lösung. Die dunkelgrüne Farbe ist das Resultat eines $Cr_2O_7^{2-}$-Ions (Dichromat -Ions) (orange) und des $Cu^{2+}$-Ions (blau). Darüber befindet sich in jedem Röhrenarm eine Lösung aus $KNO_3$ (Kaliumnitrat), vermischt mit Agar-Agar, um zu verhindern, daß sich beide Lösungen vermischen können. Nochmals darüber befindet sich eine flüssige $KNO_3$-Lösung, in die die Elektroden eingetaucht sind. Wird Spannung angelegt, wandern die $Cr_2O_7^{2-}$—Ionen zur Anode und die $Cu^{2+}$-Ionen zur Kathode.

**Abb. 181.** Downs-Zelle. Fast die gesamte Menge des in der Industrie benötigten Natriums und Chlors wird durch Elektrolyse von geschmolzenem Natriumchlorid gewonnen. Die Downs-Zelle besteht aus einer ringförmigen Graphitanode, umgeben von einem Eisenring.

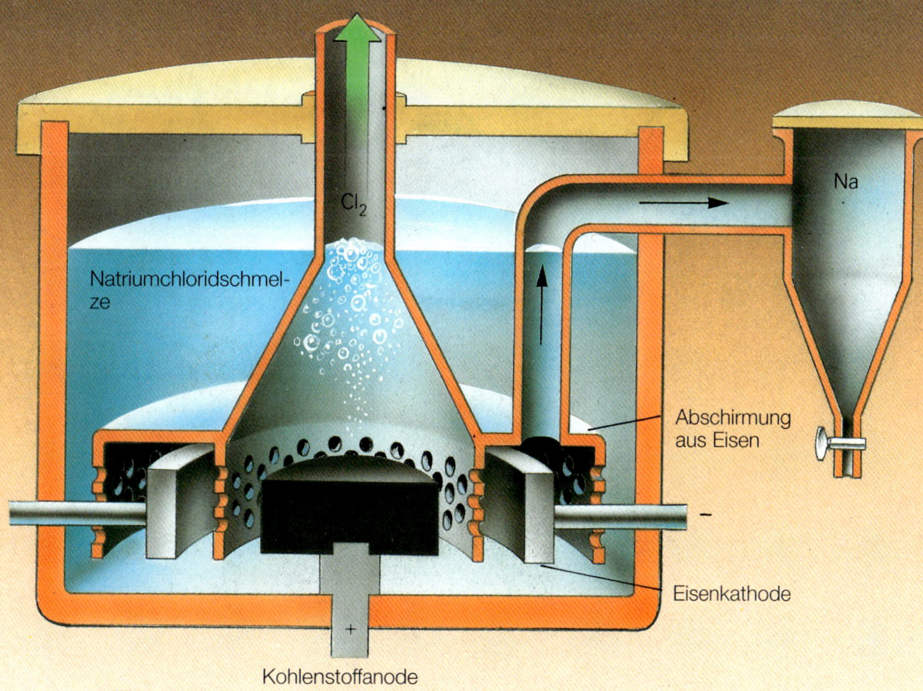


**Abb. 182.** Schaltet man mehrere elektrolytische Zellen mit verschiedenen Elektrolytlösungen hintereinander, fließt durch jede Zelle die gleiche Strommenge. Bei einem Faraday (96496 Coulomb) wird 1 Mol Silber (197,8 g), ein halbes Mol Kupfer (31,3 g), ein Drittel Mol Eisen (18,6 g) in der Lösung mit $Fe^{3+}$-Ionen und ein halbes Mol Eisen (27,9 g) in der Lösung mit $Fe^{2+}$-Ionen abgelagert. Die freigesetzte, gelöste oder umgewandelte Substanz pro Mol Elektronen (Faraday) nennt sich *elektrochemisches Äquivalent*.

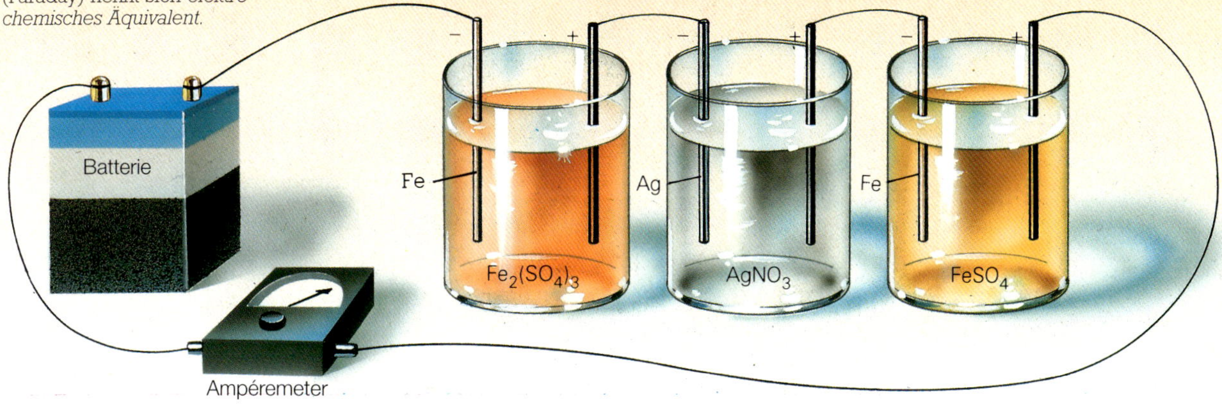

# Allgemeines

Der schwedische Chemiker Berzelius (S. 46) nannte im Jahre 1807 Stoffe, die aus lebender Materie (organisierte Systeme) gewonnen werden, *organische Verbindungen.* Er teilte die Chemie in zwei große Gruppen ein, die anorganische und die *organische Chemie,* je nachdem, ob sie vom lebenden Gewebe abstammten oder nicht. Genau wie viele seiner Zeitgenossen dachte er, daß solche Verbindungen nur aufgrund einer im lebendigen Wesen existierenden *Lebenskraft* hergestellt werden konnten. Diese Vorstellung implizierte jedoch, daß organische Stoffe nicht künstlich erzeugt werden konnten.

Diese Theorie verlor allmählich an Glaubwürdigkeit, als sich herausstellte, daß die chemischen Gesetze, die für die anorganischen Verbindungen gültig waren, auch für die organischen galten. Ein Beispiel dafür ist das Gesetz der vielfachen Proportionen, das auch für die organischen Verbindungen gilt. Im Jahre 1828 beobachtete der deutsche Chemiker Friedrich Wöhler (1800-1882), ein Schüler und Freund von Berzelius, daß sich beim Erwärmen von Ammoniakcyanatlösung ($NH_4CON$) Harnstoffkristalle (Carbondiamid $CO(NH_2)_2$) bildeten. Diese Verbindung ist ein Abbauprodukt der Proteine und kommt im Urin von Säugetieren vor. Damit war aus einem anorganischen Stoff ein organisches Produkt hergestellt worden, was die Theorie von der Lebenskraft widerlegte. Viele Chemiker begegneten dieser Schlußfolgerung mit Skepsis, aber die Herstellung von Harnstoff im Labor überzeugte sie. Daraufhin wurden viele organische Verbindungen im Labor hergestellt.

Mit den heutigen Mitteln ist es möglich, jede organische Substanz zu produzieren. Darüber hinaus können Substanzen hergestellt werden, die eng mit den organischen Substanzen verwandt sind. Die Theorie der Lebenskraft hatte sich endgültig überlebt, was weiterhin Gültigkeit behielt war Berzelius´ Einteilung der Chemie in anorganische (mineralische Welt) und organische Chemie (Kohlenwasserstoffverbindungen) (S.50). Das war darauf zurückzuführen, daß sich beide Stoffgruppen in Eigenschaften wie *Löslichkeit, Stabilität* und *Reaktionsweise* (schnell und unkompliziert bei anorganischen Reaktionen, lang und komplex bei den organischen) unterschieden.

## FESTLEGUNG DER ORGANISCHEN FORMELSCHREIBWEISE

Justus von Liebig (1803-1873) erfand 1831 eine wirksame Methode, die Formelschreibweise organischer Verbindungen festzulegen. Er stützte sich auf die festgelegte Schreibweise von Wasser ($H_2O$) und Kohlendioxid ($CO_2$), die bei der Verbrennung von organischen Stoffen entstehen (Abb. 183). Im Unterschied zur anorganischen Chemie taucht hier ein sehr häufiges Problem auf, nämlich das Vorkommen verschiedener Verbindungen mit der gleichen Molekülformel, genannt *Isomere.* Hier liegen beispielsweise zwei Verbindungen mit unterschiedlichen physikalischen und chemischen Eigenschaften vor, die die gleiche Molekülformel besitzen: $C_2H_6O$. Wie sollte man sie unterscheiden? Da sie die gleiche Formel haben, mußten sie sich in der Bindungsform ihrer Atome unterscheiden.

Im Jahre 1858 fanden der Deutsche Friedrich August Kekulé (1829-1896) und unabhängig von ihm der Schotte Archibald Scott Couper (1831-1892) die Lösung des Problems. Nachdem Edward Frankland die Wertigkeit der Elemente als Unterscheidungskriterium vorgeschlagen hatte (S.46), gingen Kekulé und Scott davon aus, daß sich bei einer Wertigkeit von 4 des Kohlenstoffatoms eine, zwei oder drei Valenzen eines Kohlenstoffatoms mit einem anderen Kohlenstoffatom zu Ketten verbinden konnten. Wasserstoff und Halogene haben dabei eine Wertigkeit von 1, Stickstoff aber reagiert mit einer Wertigkeit von 3. So konnte zum Beispiel erklärt werden, daß es sich bei zwei Verbindungen mit derselben Summenformel $C_2H_6O$ um $CH_3$-$CH_2OH$ (Ethanol) und $CH_3$-O-$CH_3$ (Dimethyläther) handelte. Abbildung 184 zeigt verschiedene Arten von Isomeren.

## HYBRIDORBITALE

Ein Kohlenstoffatom mit der Atomzahl 6 hat im Grundzustand die Elektronenkonfiguration $1s^2\ 2s^2\ 2p_x^1\ 2p_y^1$. Da es nur zwei einfach besetzte p-Atomorbitale zur Verfügung hat, müßte es mit einer Wertigkeit von 2 reagieren, aber aus der Praxis weiß man, daß Kohlenstoff grundsätzlich mit einer Wertigkeit von 4 reagiert. Im Beispiel von Methan ($CH_4$) bildet ein Kohlenstoffatom vier Kovalenzbindungen mit vier Wasserstoffatomen. Außerdem hat sich herausgestellt, daß die vier Wasserstoffe geometrisch gleich angeordnet sind. Schon im vergangenen Jahrhundert setzte sich in der wissenschaftlichen Theorienbildung eine einfache Tetraederstruktur des Moleküls durch. Die Wasserstoffatome befinden sich in den Ecken des Tetraeders und das Kohlenstoffatom im Zentrum. Die Bindungswinkel im Molekül betragen 109,5°.

Heute kann man die Wertigkeit von 4 des Kohlenstoffs damit begründen, daß nur eine geringe Energiezufuhr genügt, damit ein Elektron des 2s-Orbitals auf das $2p_z$-Orbital überspringt. Diese zugeführte Energie wird bei der Bildung der vier Atombindungen wieder abgegeben. Es entsteht ein sehr stabiles Molekül. Die Tatsache, daß alle Bindungen äquivalent sind, kann durch die Bildung von sogenannten $sp^3$- Hybridorbitalen, dem Ergebnis einer linearen Verbindung eines s- mit drei p-Orbitalen, erklärt werden.

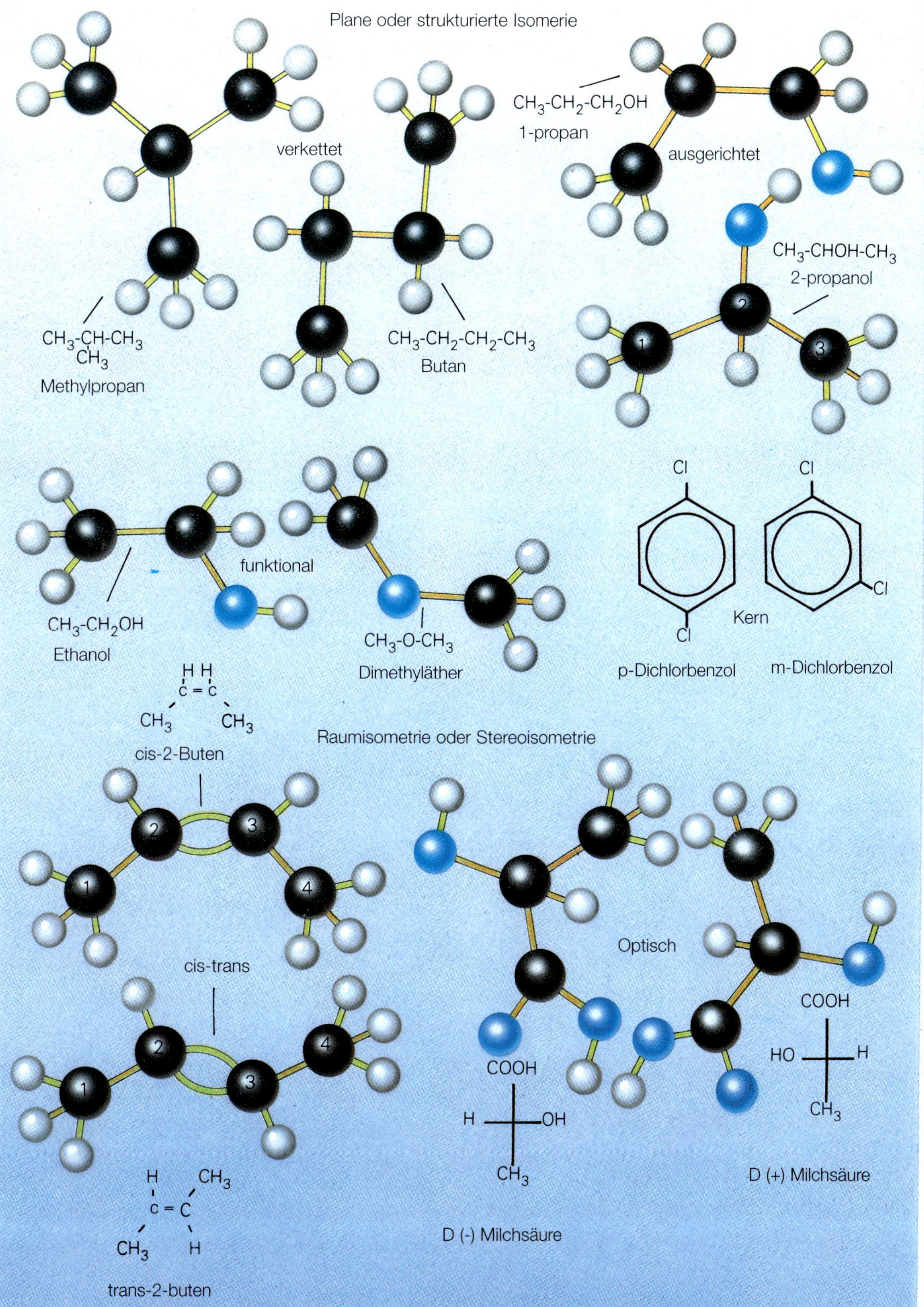


**Abb. 183.** Verschiedene Isomeriearten. Eine große Anzahl von organischen Substanzen bildet Isomere.

# Allgemeines

Bisher wurde Chemie nur unter dem wissenschaftlichen Aspekt behandelt, d.h. die positiven Erfindungen und Entwicklungen zum Nutzen der Menschheit standen im Vordergrund. All das geschah mit dem grundsätzlichen Vorsatz, die Materie und ihre Struktur besser kennenzulernen und herauszufinden, warum sie sich verändert. Es ging praktisch darum, einen wertvollen Teil der Schöpfung näher zu betrachten.

Die Ergebnisse dieser Untersuchungen und Entdeckungen konnten unter diesem Aspekt durchaus als positiv bewertet werden: die Herstellung heilender Medikamente, die zu einer längeren Lebensdauer verhelfen, die Herstellung von Stahl und speziellen Legierungen, die dem Menschen die Arbeit erleichtern, die Gewinnung künstlicher Fasern zur Herstellung von Geweben usw. Dies sind alles Beispiele dafür, daß die Technik die Errungenschaften der Chemie zum Wohle der Menschheit genutzt hat.

Andererseits sind die Explosion der ersten Atombomben in Hiroschima und Nagasaki, die vermehrte Herstellung von Atomwaffen, die Herstellung chemischer Waffen, der übermäßige Einsatz von Konservierungsmitteln, Süßstoffen, Farbstoffen usw. in den Nahrungsmitteln und die Verschmutzung unseres Planeten traurige Beispiele dafür, daß Chemie oft genug falsch eingesetzt wurde. Die eigentliche Absicht der Wissenschaft, unsere Neugier zu stillen, indem sie uns lehrt, was in der uns umgebenden Welt geschieht, ist so oftmals verfehlt worden. Wer die Natur untersucht, liebt sie und zerstört sie nicht. *Unwissenheit* und *Egoismus* sind für die Zerstörung unseres Planeten verantwortlich.

Von *Umweltverschmutzung* spricht man, wenn der Natur unerwünschte Stoffe zugeführt werden, die aus dem Eingriff des Menschen in die natürliche Umwelt resultieren. Im allgemeinen verfügt die Technik über adäquate Mittel, diese toxischen Substanzen zu eliminieren, aber der in vielen Fällen damit verbundene hohe Kostenaufwand verhindert zügiges Vorgehen. Da das Problem sehr komplex ist, sollten einige allgemeine Aspekte der Luftverschmutzung geklärt werden.

### OZONSCHICHT

In der Stratosphäre oxidiert Sauerstoff ($O_2$) mit Hilfe der ultravioletten Strahlen der Sonne ($h\nu$) zu Ozon ($O_3$): $O_2 + h\nu \rightarrow 2O\bullet$ (Sauerstoff-Radikale) und: $O\bullet + O_2 \rightarrow O_3$. Das entstehende Ozon zerfällt in der Reaktion $O_3 + h\nu \rightarrow O_2 + O\bullet$ + Wärme. Dieser Kreislauf (Bildung und Zerfall des Ozons) benötigt ultraviolette Strahlung; er läßt einen Schutzfilter, die Ozonschicht, entstehen, welche die massiven Strahlen von der Erdoberfläche fernhält. Da die UV-Strahlen krebserregend sind (Hautkrebs), ist es von großer Wichtigkeit, daß die Ozonschicht ihre Funktion erfüllen kann. Aber *Freone,* zusammengesetzt aus FCKW-Stoffen (Fluorchlorkohlenwasserstoffe, $CF_2Cl_2$), die durch Treibmittel in Spraydosen oder als Kühlmittel in Kühlschränken verwendet werden, sowie große Mengen an Stickstoffmonoxid (NO) aus Abgasen von Überschallflugzeugen dringen in die Atmosphäre und reduzieren die Ozonkonzentration in erheblichem Maße. Folgende Reaktionen laufen ab:

$$NO + O_3 \rightarrow NO_2 + O_2$$
$$NO_2 + O \rightarrow NO + O_2$$

$$CF_2Cl_2 \rightarrow CF_2Cl + Cl\bullet$$
$$Cl\bullet + O_3 \rightarrow ClO\bullet + O_2$$
$$ClO\bullet + O\bullet \rightarrow Cl\bullet + O_2$$

### TREIBHAUSEFFEKT

Bei der Verbrennung von Stoffen, die Kohlenwasserstoff enthalten, entstehen Kohlendioxid ($CO_2$) und Wasserdampf. Kohlendioxid ist nicht giftig, nimmt aber in Zusammenwirkung mit Wasserdampf Wärme auf. Die Energie, die von der Sonne abgestrahlt wird und die Erde erreicht, wird größtenteils wieder reflektiert. Diese reflektierte Energie trifft auf ihrem Weg in das Weltall auf enorme $CO_2$-Massen und Wasserdampf, durch die sie zurückgehalten wird. Da es sich dabei um einen kontinuierlichen Prozeß handelt, steigt die Temperatur auf der Erde leicht an. Es geschieht genau dasselbe wie in einem Treibhaus: Die Wärme verläßt das Treibhaus immer langsamer und bewirkt einen Temperaturanstieg im Innern (Abb. 184).

### SAURER REGEN

Sowohl Kohle als auch Erdöl enthalten Schwefel. Da diese Stoffe als Brennstoffe verwendet werden, wird Schwefeldioxid ($SO_2$) frei. Dieses Gas oxidiert in der Luft zu Schwefeltrioxid ($SO_3$), das mit dem anwesenden Wasserdampf rasch zu Schwefelsäure ($H_2SO_4$) reagiert. Die Stickoxide aus der Reaktion des Sauerstoffs mit dem Stickstoff der Luft, die in großen Mengen bei der Verbrennung in Motoren ausgestoßen werden, reagieren ebenfalls mit dem Wasserdampf der Luft und bilden Salpetersäure. Das Regenwasser bringt diese Säuren auf die Erdoberfläche, man spricht vom sauren Regen (Abb. 186).

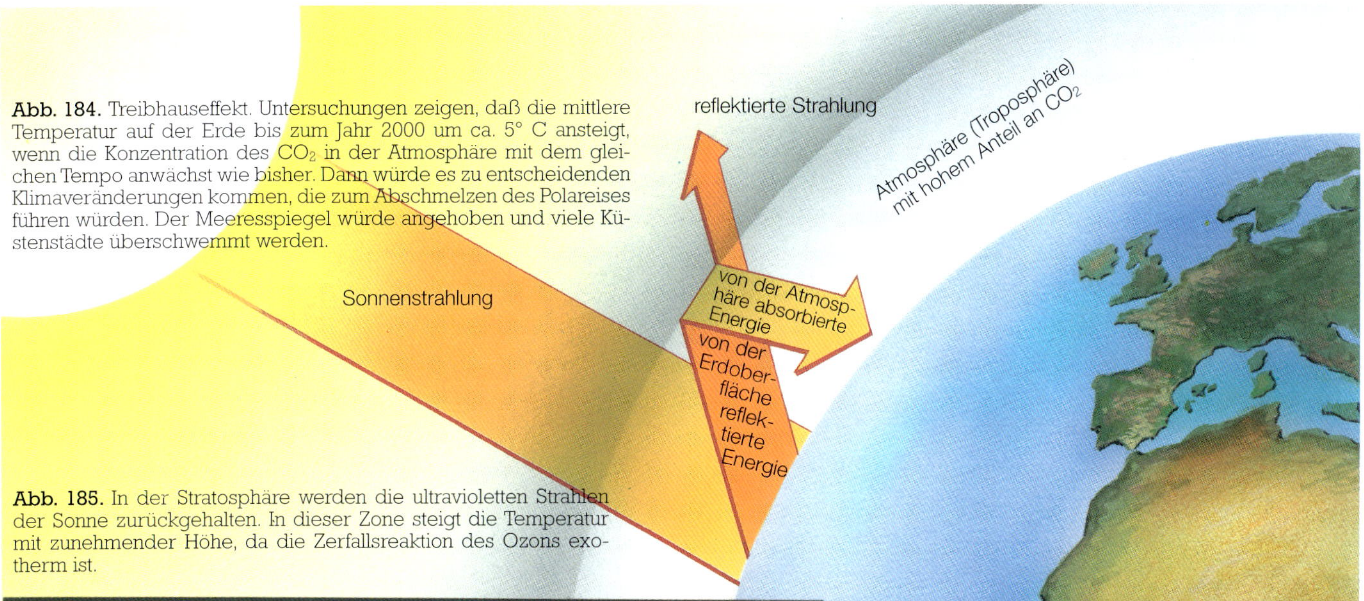


**Abb. 184.** Treibhauseffekt. Untersuchungen zeigen, daß die mittlere Temperatur auf der Erde bis zum Jahr 2000 um ca. 5° C ansteigt, wenn die Konzentration des $CO_2$ in der Atmosphäre mit dem gleichen Tempo anwächst wie bisher. Dann würde es zu entscheidenden Klimaveränderungen kommen, die zum Abschmelzen des Polareises führen würden. Der Meeresspiegel würde angehoben und viele Küstenstädte überschwemmt werden.

**Abb. 185.** In der Stratosphäre werden die ultravioletten Strahlen der Sonne zurückgehalten. In dieser Zone steigt die Temperatur mit zunehmender Höhe, da die Zerfallsreaktion des Ozons exotherm ist.

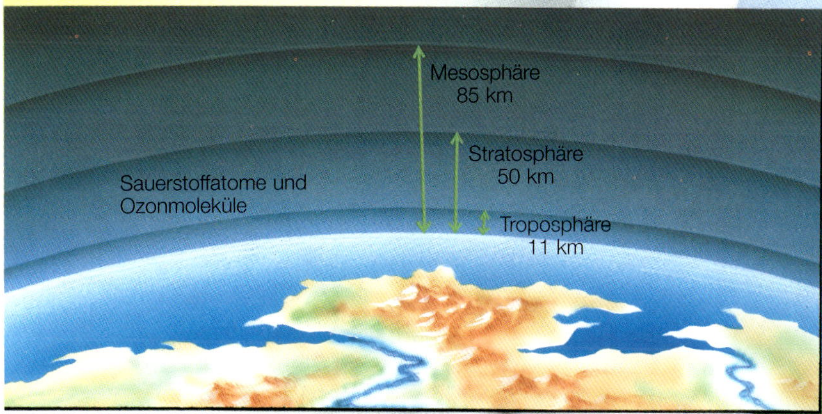

**Abb. 186.** Saurer Regen ist hauptsächlich auf die industrielle Verbrennung von Schwefel zurückzuführen. In den Städten werden Denkmäler und Gebäude vom sauren Regen regelrecht zerfressen, auf dem Lande beeinträchtigt er Vegetation und landwirtschaftlichen Anbau.

# Inhalt